Micael Dahlen &
Helge Thorbjørnsen

hur siffrorna styr våra liv

Sifferdjur

麥可・達倫×海里格・托爾布約恩森

你有數字病嗎？

數學、數據、績效、演算法，
數字如何控制我們的每一天

鄭焕昇——譯

目錄

第十章 數字是人為的 245

它們在那兒，看起來是那麼地人畜無害，那些數字。某台螢幕上或某張紙上，一個孤伶伶的數字。你的帳戶餘額，你的脈搏，或是午餐前的行走步數。

1,590　　97　　3,467

數字是如此地具體、精確、清晰。數字不會說謊。它誠實、可控、中性。一個理性而開明的社會應該建構在數字上，而不是情緒上。數字提供了透明性、可靠性，以及證據。數字是有意義的、理性的、客觀的。

0　　55　　7.9

我們如此以為。但其實數字是喜歡搞曖昧、喜歡操控人，讓人心猿意馬的小惡魔。

2　　4　　16

數字會誤導、會說謊。它會扭曲、會引誘。它會見縫插針，會號令一方。它滲透了你目力所及的每一處——無時無刻都在想著要接管你的生活。你愛它，你不能沒有它；但它無時無刻不在把你的人生搞得一團糟。

你只是還沒意會到，而已。

1　　2　　3

前言

我們的每個日子，都有對應的數字。

我說的可不是一種比喻。我們每天做的每一件事都難逃計算，那些我們社交、運動、工作、讀書、旅行的日子，那些我們入眠的夜晚，我們的行動電話、社群媒體、電子郵件，還有手機程式，都在細數一切，日復一日。

你今天走了幾步路？

你有多少個朋友？

你剛叫來並準備鑽進去的車子（就是早些年前被叫作「計程車」的東西）的駕駛有幾分評價？

你對這一切胸有成竹，因為它們都有對應的數字。計步器會計算你走了多少路，臉書會呈現你有多少名朋友，共享乘車軟體會替你計算好駕駛的平均評分。

但在幾年前，這些問題都是一問三不知的。時至今日，你一天當中所做的大小事情，都有計算方式。這所謂一天也包括夜晚：想知道你某晚睡了多久、睡得多沉、中間醒來過幾次、打呼過幾次，或在床上翻過幾次身（或「社交過」幾次），都有專用的計數程式。在手機app的商店裡搜尋關鍵字「counter」，你能往下滑到手指起水泡。把計數程式一詞餵給Google，正常都會有破一百萬筆結果。

這麼些計數程式是一種症狀，反映我們的生活出現些狀況。

不算很久之前，我們都能好好地把一天過完，不需要知道我們走了多少步，也不用去數自己有幾名朋友，就能跟他們好好相處；但就在我們擁有了這些數字的一瞬間，它突然就對我們重要了起來，我們開始滿腦子都是這些數字，邊想邊沾沾自喜，患得患失，比較來比較去，用那些數字來評價自己。這些數字讓我們邁開更多步伐，結交更多朋友，焦慮我們的睡眠數據有多低（以至於我們更睡不著），彷彿沒有數字我們就過不下去似的。這種發展堪稱流行病，我們發現自己活在一個任由數字侵門踏戶、無孔不入，我們「做什麼」跟「是什麼」，它都要插一手。我們任由數字影響著我們的行為、決定、思想、五感與心情。

幾百年來，身為人類的我們已經被馴化，會自動且本能地對數字產生反應，就算我們有心要停止，大概也做不到。我們是數字的動物：我們有著無異於其他動物的基本本能，但我們不同於猿猴與貓咪的其中一點，就在於我們的動物本能有著數字的編碼，一直到細胞層次都是如此，這點之後會講。

然而人類的演化多半沒有預料到身為現代人的我們會需要應付這麼多且這麼龐大的數字。根據估計，現今人類每天創造出的數字，都要超過全人類從五千多年前蘇美古城烏魯克（Uruk）的第一片陶板到二〇一〇年為止的全部數字。

日復一日，更多數字出現。

數字究竟如何影響我們？

我們（麥可與海里格兩人）授課與合作研究的主題是人類的生活、行為、行事動機與幸福，所以我們愈來愈常拿這個問題捫心自問，並決定將答案找出來。說得更精確一點，是把答案「們」找出來，因為這答案應該是複數。我們已經投入了好幾年的時間去調查研究，從事田野調查與實驗，並做了各種測驗、訪談與觀察，將（有點嚇人的）研究成果編纂進本書中。

在書裡，你會看到數字如何影響你的生理，包括數字會讓你老化地快一點或慢一點；也會看到數字是如何影響你的自我形象，讓你自我感覺變好或變差；如何為你的經驗增添色彩；甚至影響你對痛苦的感受。我們還會展示數字是如何經由一個過程決定了你的表現，乃至於它如何靠著各種花言巧語，滲透你的人際關係。

這裡頭有些效應是正面的（例如數字確實會讓你表現得更好），也有些是壞的（例如你會對自己到底在表現什麼變得不那麼在意），有些效應會讓人感覺稍微不愉快（例如數字會讓你產生臨床上的憂鬱現象），許多效應則有點令人莞爾（例如特定數字會讓你傾向於向左轉）。

我們希望這本書可以幫助你對這些效應產生自覺，便於你去蕪存菁，留下好的影響、抵銷壞的影響，然後希望你永遠不用體驗到那些讓人不快的部分，更希望你能藉由本書讓內心更為滿足、擁有更多充實的體驗，從交往關係中得到更多的回饋（你現在跟未來的伴侶都將感謝你），活出更健康的人生。

你將會有一些精彩的故事可講，像是麥可・喬丹是如何靠著特定的球衣背號，才得以成為籃球迷俗稱「山羊」的「史上最偉大球員」（Greatest Of All Time; GOAT）；計步器是如何創造出房市泡沫；為什麼一年當中就以聖誕節前夕被開違停罰單的機率最高；一本講蒼蠅基因的書籍如何在短短二十四小時內成為全世界最昂貴的一本書；或是耶穌跟金正日有什麼共通點，而這個共通點影響了千百萬人的生活。

「先別離開，好康還在後頭，」這句話是我們跟電視購物頻道主持人學的。我們還會更仔細去觀察數字流行病如何一邊影響著屬於個人的我們（個人層次的影響就已經很大了），一邊劇烈地影響著整個社會。數字也已經摸著石頭過著河，益發進入了人類的政治世界中。隨著政客開始有辦法針對「讓多少人看到並內化他們的訊息」加上一個數字，他們會即時調整訊息來衝高那些數字，包括最大化他們的群眾魅力、開出更多政治承諾、加大引戰的力度，或是表現得更誇張，像是位被扭曲過的漫畫人物。也包括豎起高牆（或至少答應或威脅要這麼做）而不搭建橋梁——我想你應該看得出來我在講誰，川普很明顯就是數字流行病的患者。讓他成為美國總統的那場選戰就是一場數字之戰——由什麼樣的訊息能催生最多點閱率跟分享數的演算法所主導。

無論在企業界或在公部門，數字都成為能左右決策的一種真理。東西愈是好測量、好量化，就愈能被優先處理，比方說職場的照明亮度比起員工的幸福程度，前者的排序就比較前面。這個例子很好笑吧？我們晚點還會繞回來談。

作為經濟學教授，我們還想指出一件顯而易見的事情：增加數字在生活中的能見度，等於是在把它變成一種貨幣，一種我們可以相互交換、用來貿易跟議價的貨幣：按讚數、交友軟體的滑動次數、分數、點數，都屬於某種有用的行為數據。從某方面而言，我們可以將此視為一種正向發展——數據有可能取代金錢，並有潛力弭平貧富差距，讓所有人都有機會創造出他們自身的資本，比方說與人為善、交友與分享都會變成一種可以獲利的行為。但如果數字真的變成一種金錢，也擁有跟真錢一樣的所有弊病時，會發生什麼事情？萬一我們突然可以在友誼上面貼上標價，可以把按讚數拿來買賣時，又會怎麼樣？那樣的風險就在於我們會變成數字的資本家，貪婪地追求更多更大的數字，甚至放棄道德底線地不擇手段。有趣的是，我們做出的一份研究顯示，當人們的Instagram照片得到異常大量的按讚數，他們竊取公司影印紙的傾向也會變得明顯。

在本書裡，我們會揭示數字如何能讓人們變得更為憂鬱、自戀與不道德，但又同時變得更上進、更堅強、有熱忱。你會得知何以特定數字會在我們的大腦中揮之不去，並讓我們在無意識中受到影響，進而願意去為了一棟房屋、一輛車或一瓶酒支付特定的價格。我們還會解釋為何有時人們說起數字，彷彿它是有人格、有性別似的。

數字可以很危險，也可以令人驚豔，而我們的目標也不是要大家戒掉數字，畢竟我們是熱愛數字的（否則也不會當這麼久的經濟學教授）。數字是人類很重要的一項發明，也是根據考古學家的研究，第一樣被人類認為值得寫下來的東西：世界上第一份文獻紀錄，是一塊西元前三二〇〇年寫下、出土於古代美索不達米亞的陶土板，上頭記載著首都烏魯克一座寺廟中，被分為好幾類的一些貨品與資產。也就是說，那是Excel試算表的老前輩。

自那之後，數字就一路陪我們走過歷史，並且除了作為會計清點用途外，數字也開始在文化、宗教、語言、時間與文明等領域上有所涉獵。近年來，數字於人類世界中的用途早已爆炸。

我們被「數字化」了嗎？

指數型的科技發展已經讓我們可以製造出僅僅幾年前還難以想像的數字量級。根據超級電腦的世界前五百強排名，人類電腦的算力光是從二〇一〇年以來，就已經增加了六十到一百倍；也就是說按照摩爾定律，過去五十年的電腦算力是以每年百分之二十到百分之兩百的速度達成了數量級的增長（究竟是增長百分之二十還是百分之兩百就要看你的計算方式）。[1]

僅僅三十年前，跟「手機」擁有相同算力的產品，得花十萬美元才買得到，但我們現在可以在手機上裝滿計算機與各種小程式，此外我們還有各種電腦系統、伺服器與雲端服務可以記錄跟儲存我們一天二十四小時的各種行為，完全不用顧慮時間。

幾年前，我們兩人在課堂上詢問五百名企業幹部一個簡單的問題：「一周不喝酒、不做愛、不跟朋友見面、不花錢比較難？還是一周不用手機？」結果既清楚又悲哀：這些

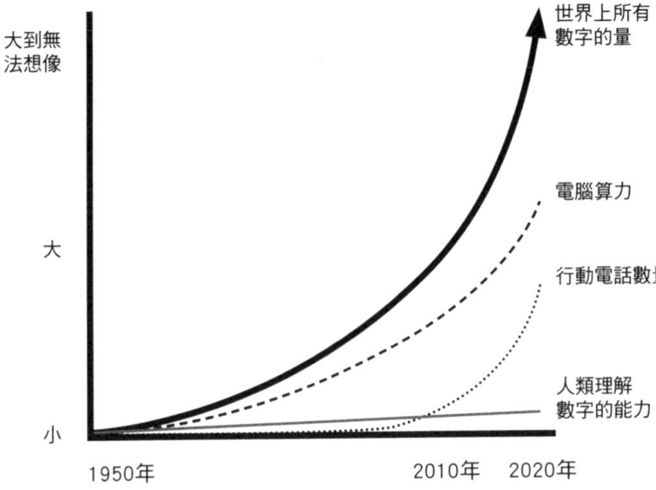

企業菁英所能想像到最可怕的酷刑是一周不准用手機。

但仔細想想也不奇怪對吧？我們已經讓手機一點一點地入侵了我們的生活，包含健康、金錢、工作、朋友、假期，一切的一切；而作為交換，科技源源不斷地為我們注射「數字」，讓我們徹底成癮：關於所有人事物的數字，什麼形式與變化都有的數字。

還有一個造成數字流行病的因素，就

1 譯註：所謂的數量級增長就是指數級增長，乘以十的一次方或十倍就是增加一個數量級，乘以十的二次方或一百倍就是增加兩個數量級，以此類推。

是現代人的生活裡有了過剩的東西可以加上數字。我們擁有得更多，也變得有更多事情可做。統計數據顯示，美國人平均的生活空間在近幾十年來幾乎翻成了三倍，消費則翻漲了原本的兩倍多，光是花在擺放東西的儲存空間上的消費金額，就超過兩百四十億美元。我們擁有了更多段職涯，換工作也更為頻繁（根據美國勞動統計局的資料，美國人平均在一份工作上待四年，長度與過往的黃金標準相距甚遠）。同一時間，人的休閒時間在屬於富國俱樂部的經濟合作發展組織國家中增加了大約每周兩個小時，在我們的國家挪威跟瑞典則都增加了將近一倍，那還是在新冠肺炎病毒造成遠距工作大增之前的統計。

簡直就像還嫌數字還不夠多一樣，我們白天醒著的時數愈來愈長，所以也有愈來愈多時間在生活中填滿數字：芬蘭學者發現人的清醒時間已經從近十年來的平均十六到十七小時持續往上增加，而一份美國研究則發現每天最多只睡六小時（有十八小時醒著）的人已經在近幾十年來增加了三成。

多出來的這些身外之物與活動時間，帶來了更多的不確定性。在《未來烏托邦》（*Nextopia*）一書中，身為作者的麥可發明了一個詞叫作「任何世界」，在那個世界裡，已經存在的任何東西都可以在任何時間提供給任何地方的任何人。從前，你在Google上輸入「買鞋」，跳出來的搜尋結果是五十萬筆，今天你再去做相同的搜尋，跳出來的結果是將近六百萬筆。今日，無論你是要買東西、找學校、找工作，還是要找樂子、上館子、買車子、撩妹子，你能搜尋到的結果都是以往的十倍。如果這不叫選擇困難，什麼叫選擇困難？

在這樣的狀況下，我們的睡眠時間豈能不因為睡眠障礙跟壓力變大而減少？特別是在年輕人之間。而這很顯然又會反過來導致我們對數字的依賴性變得更強，因為更多的評等與更高的分數都有助於緩解我們的決策焦慮。

可以量化的事情愈來愈多，也意味著注意力的競逐愈來愈激烈。數字變成了一種可以提供權威的決策工具：商業公司在它們的行銷內容中塞滿了數字，好讓我們願意停下腳步購買它們的產品（可以讓抽球多轉二十七度的網球拍聽起來很棒，雖然你也不是很確定那是什麼意思）；數字是新聞媒體在它們的頭條中摻進的香料，愈香的標題愈能讓文章的點閱率升高（「新冠肺炎死亡人數一周翻一倍！」）；政客用數字推銷他們的政策主張（「我們新建的三萬棟住宅為經濟帶來活水！」）；我們自己也很愛用數字去推銷我們想賣掉的二手衣，或想方設法地把我們的過夜沙發租出去，或說服心儀對象跟我們約會，我們懷抱希望，認為漂亮的分數可以讓別人選擇我們。有了數字，我們就不需要多費唇舌解釋，而且自認為數字很客觀。我們本能地對數字產生反應，也自我感覺良好地認為我們能一目了然數字的意義。

我們就是這樣走到了這個地步。

我們的每個日子都有對應的數字。

但這並不等於我們的每個日子都印上一個等死倒數的數字；比起數字流行病，能威脅到人類生存的東西還有很多（比方說真正的病毒傳染，極端氣候威脅，數十萬顆每天在太陽系裡飛來飛去、不知道什麼時候就會撞上地球的小行星……等等，當我沒說好了，這些例子恐怕只會讓人愈聽心情愈糟），只是在與數字為伍的同時，我們是否也一點一點地讓自己的生活變糟了？

我們寫下這本書，並不是想拯救世界不受數字的威脅，但我們確實想要讓你注意到生活如何受到數字的影響，幫助你有所體悟，好讓「量化」這件事不會影響你的生活品質。也許經過評估，你會相信自己的生活能局部「去數字化」，抑或是你可以讓自己的生活進行暫時性的「數字排毒」。無論如何，我們認為所有人都可以因為注射了數字疫苗而過得更好一點，他們將可以自己決定如何處理數字。

請把這本書當成你的數字疫苗。

Chapter

1

數字的歷史

首先讓我們稍微倒帶。

前言提到人類第一張會計用的「試算表」來自蘇美古城烏魯克的廟宇，其年分或許可上溯至西元前三二〇〇年；但數字的歷史可遠遠要比這更早，超過四萬年前（考古學家發現最早用來計數的棒子，就是那麼老，很難想像吧）。這些由骨頭製成的棒子，是人類開始數數兒的鐵證——數數兒帶來一切不得了的事情，自此獲得了啟動。

IIIIIIIIIIIIIIIIIIIIIIIIIIIII

所謂的「萊邦博骨」（Lebombo bone）是一九七〇年代在史瓦濟蘭山區發現，上頭有著二十九條刻痕。有人主張這可能代表非洲女性是最早的數學家，而且她們用這些計數棒記錄她們的月經周期。這一點是否屬實我們永遠無法得知，因為萊邦博骨從第二十九條刻線之後就斷了。也許其全長不只二十九條線？

其他「很老」的計數棒也曾在歐洲出土過：著名的「狼骨」（Wolf bone）於一九三七年

在捷克斯洛伐克發現，估計大約存在於三萬年前，上頭有總計五十五條刻痕，每五個一組。

IIIII IIIII IIIII IIIII IIIII IIIII IIIII IIIII IIIII IIIII IIIII

狼骨從許多方面來看，都可以被視為是人類的第一台超級電腦。當計數棒在手，人類既可以數東西，也可以寫下數字，由此我們既能掌握事情的全貌，也可以創造出順序。我們可以藉此掌握一個部落中的個體數目，可以統計動物與財物，甚至可以進行與貿易相關的計算。世界各地的人類緩慢但確實地發展出了數數兒跟計算的能力，並開始對數字賦予意義跟價值。

人類很快就開始依賴起數字，這是因為無論你想統治社會或從事貿易，都很難繞開數字，美索不達米亞史上第一塊已知手寫板就證明了這一點：那上頭的內容是數字跟算式的字跡。**四個給你，五個歸我**。登愣！最早的經濟學家誕生了。

話說，人類並沒有發明數字，數字原本就存在，這個真理不言可喻。對任何想要數數兒的人而言，大自然（包括人體在內）都是一個寶庫。人類最早開始算數的，可能包含手指與腳趾、動物與蛋的數量等等。而自然界的數字與模式則稍微複雜，無法一目瞭然，比方說圓周率、或是費波那契數列（Fibonacci sequence，簡稱「費氏數列」，每個數字都是其前兩個數字之和的序列），而那其實就是一個螺旋。並且只要仔細觀察松果裡的種子，你就會發現那當中排列著自然界的螺旋：五個朝一個方向，八個朝另外一個方向。向日葵的種子排列也呈螺旋狀：二十一個朝一個方向，三十四個朝另外一個方向，不信的話你可以自己數數看。還有，下次去蔬果店，你可以仔細瞧瞧羅馬花椰菜，上頭也有費氏數列的螺旋供你觀察跟數算；就數學論數學，羅馬花椰菜是種很妙的蔬菜，這菜就跟大自然一樣，上頭都有滿滿的數字跟模式。

1, 1, 2, 3, 5, 8, 13, 21, 34, 55, 89, 144, 233, 377……

說起費氏數列跟在學校裡學習，這東西真的會讓人暈頭轉向。一九八〇年代的我曾是個熱血的高中生，當時我就有這樣的印象。

我突然四處找起了螺旋與數字序列，而上帝說尋找者必尋見：花朵上的花瓣？費式數列。髒兮兮T恤上的圖案？費式數列。鳳梨（一九八〇年代很流行，甚至連披薩上也看得到的水果）？費式數列。耳朵、銀河的形狀……有的沒的各種東西，都是費式序列。

甚至我們在美術課上學過的「黃金分割」，都已經被證明是費式數列：人們認知黃金分割是一種美好跟和諧的比率，透過使用小計算機跟尺規，我們弄清楚了不同時代的藝術家是如何把黃金分割率用進他們的構圖中，進而創造了某樣有美感的東西。

也許關於費波那契，我們的老師最後也產生了隧道視覺[2]（或該說是螺旋視覺）。因為我們也是同一個老師教體育，所以我們就做起了一些跨科目的練習：測量我們身體長度的黃金分割比率。想知道嗎？我就告訴你們吧：對班上大部分的同學

2 譯註：將視線集中專注在一點而忽略其他環境資訊的狀況。

來說，黃金分割的那條線就正好在肚臍中間。唯一的例外是可憐的克里斯琛，誰叫他有一雙大長腿。

海里格

學者認為我們對數字的理解源自於我們對自己雙手的迷戀——一隻手有五根手指。在許多社會中，發現「一隻手等於五樣東西」都是讓其發展起飛的觸媒。試想，有人剛看了自己的手，思考了一會兒，接著跟朋友討論，然後就像被雷打到一樣明白了一切，恍然大悟從數字到貿易到地圖皆與此有關。用手指數東西說多直覺就有多直覺，說多簡單就有多簡單，這是一種老少咸宜、自古至今都沒退流行的作法。手指與腳趾的數目對遠古許多文化而言，也是其數字體系的濫觴，而且5跟10一樣是體系的基礎，就跟前述的狼骨一樣。

隨著數字的發現，人類突然有辦法交流「量」的資訊，相互貿易、計算獲利、從事會計、甚至引入稅務跟規費。我們開始以空前的速度把其他物種甩開。動物學者認為某些人類以外的動物其實有能力數到三或四，但那比起人類的祖先還差得遠了，我們的祖先在一夕之間，就有能力處理五或五千這種等級的數字。

數字與對數字的理解之所以會產生令人難以置信的重要性，是因為人類開始從事貿易、組織社會、緊密生活，計數的能力也因此作為一種前提，為貪婪、談判與身分地位提供了可能性：你要是想在某種程度上出人頭地，你就必須要會數、會比較。出於這種理由，歷史上的社會都有過各式各樣的數字系統，每一種都發展出了自己的一組節奏或基礎：我們的十進位系統（也稱印度—阿拉伯數字系統）採取的是10的節奏；二進位作為現代電腦通用的數字系統，基礎節奏是2，這代表其中的一切都被書寫為0與1兩個數字的組合；古巴比倫有種基礎節奏是60的數字系統，有趣吧，該系統的重要性來自於計算時間——秒、分鐘、小時——也來自於對圓中之角度的計算。但一旦脫離了時間的語境，巴比倫的數字系統便會顯得與現實格格不入。那當中甚至沒有代表「零」的字符。

在歷史的長河中，人類有過一系列不同的數字系統，基礎節奏有的是5，有的是10——沒錯，根據的就是手指跟腳趾的數目，主要是人類慢慢發現自己有這兩樣東西。

光憑直覺，我們也不難理解這些數字系統是如何出現的，對吧？羅馬數字是基於5的基礎節奏，當中的V代表5，L則代表50。但這個數字系統也同樣地極度複雜且像個迷宮，不信你去看一眼老派的時鐘與年曆，畢竟現在都已經是MMXX（羅馬數字的2020）了。

說巧不巧，古羅馬人在數字與數學發展史上都吃了鱉——入侵希臘時，他們感興趣的是權力，而不是數字。羅馬數字系統的複雜程度太高，不適於計數跟計算，但那倒是很便於古羅馬人掌握已經有多少人死於他們之手。當羅馬人殺死了希臘數學家兼發明家阿基米德（Archimedes），並導入了羅馬數字系統後，數學與其他科學的發展便顯著慢了下來。羅馬數字系統擴散到了整個歐洲，並在實際上成為強勢的數字系統，為時五百餘年；然而時至今日，你說得出任何一名羅馬數學家的名諱嗎？說不出來吧，這一點都不奇怪，因為他們確實還沒有厲害到可以青史留名。

身為一名經濟學者，我常把數字想成是一種語言，可以供我們用來溝通、計畫、取得共識來使用、分享、交易我們的資源。有鑑於此，人類（或至少大部分人類）還蠻令人驚奇的，我們竟然能說好使用同一種數字系統。我是說，世界上的語言有多少種？我去查了一下維基百科，答案是使用者超過五百萬名起跳的語言有一百多種。這多少證明了我們在數字的使用上憑得是一種直覺。

然而就我個人而言，我並不認為我們如今所使用的數字系統是最佳解。反倒是我頗為欣賞中世紀在法蘭西由一群天主教熙篤會僧侶所使用的數字系統，該系統針對個位數、十位數與百位數都各有一條計數線，以此類推。任誰只要嘗試過高階心算，就會知道這種系統的速度與效率之高。

麥可

所幸羅馬帝國最終沒能千秋萬世，人類也回歸了比較直覺的印度—阿拉伯十進位數字系統，這才讓人類的創新能力與計數需求可以重新欣欣向榮並成長茁壯。

那成長有目共睹，而且幅度很顯著。

數字與數學讓人類得以達成驚人的成就。有數字擔任「賢內助」的人類之光包括了金字塔、阿姆斯壯在月球上的一小步跟人類的一大步，也包括如今世界上的每一台個人電腦與每一支智慧型手機。但也就是這一點，讓現下的數字流行病變得如此危險且讓人無法輕忽——人類對數字的著迷與依賴，結合科技讓數字無所不在的事實，使得數字變得到處都是！無論你對數學是恨是愛，那些數字都對你有一定程度控制力。所有的數字跟數字系統都有一個共通點，那就是無論從過去到現在，它們都擁有一股龐大的力量可以左右人類的思想、信念，以及迷信。

我一直放不下的一個念頭是人類現役的數字系統也許並不是最佳解。幾年前我在一場會議上，席間有兩名英國的資工教授發表了一個新的系統，他們稱之為「互動式數字」。這種系統並不好解釋，我自己也還沒有徹底搞懂，但簡單講，其基本理念是數位數字（當然這年頭你要找到非數位的數字也不太容易了）應該要能在我們輸入它時進行自我校正，以求能與我們已經輸入好的數字之間展現出一個合理的關係。但這會產生的問題是，相比從前人們用手寫字，現在的我們經常犯錯：我們會按錯鍵，會剛好按住數字鍵太久、導致數字重複，會漏掉空白鍵，會輸入錯逗號。唉，毛病很多啦。眼球運動的測量顯示出輸入數字的人往往投注百分之九十一的注意力在鍵盤上，只留百分之九給螢幕上出現的數字。

他們舉的其中一個例子來自挪威：二〇〇七年，葛蕾特・佛斯巴肯（Grete Fossbakken）搞丟了她原本要轉帳到她女兒銀行帳戶中的五十萬克朗，那些錢因為她按錯了按鍵而跑到了完全不一樣的地方，顯然這種事在所有銀行交易中的發生率是百分之零點二（加一加也是不少錢）；另外一個例子是英國公民奈傑・朗（NInstagramel Lang）在二〇一一年因為涉嫌散播兒童的不雅照被捕，但他的電腦上沒有被搜出任何這類照片。過了很久以後事情才真相大白，原來是警方不小心在他們搜尋的IP位址上多按了一個數字……朗獲得了六萬英鎊的賠償，外加訴訟費也不用付了。

麥可

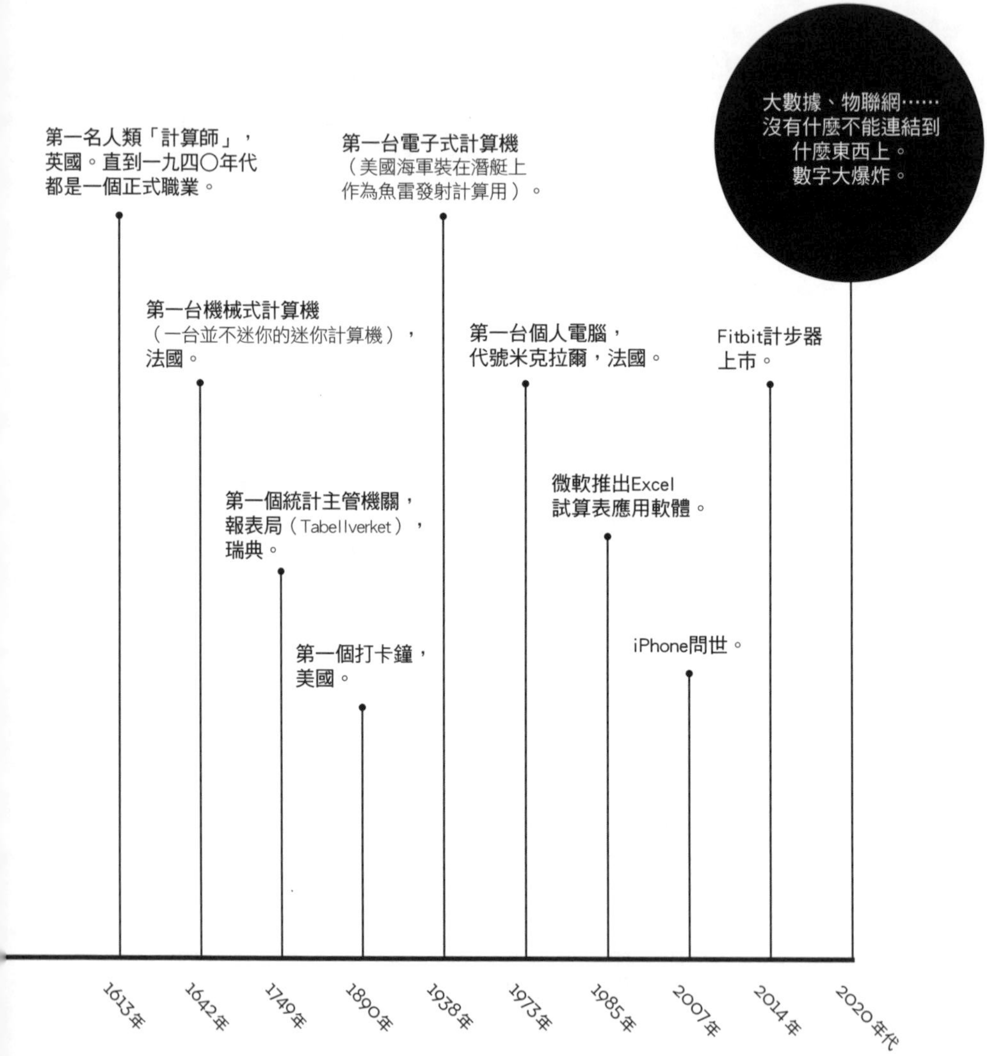
第一名人類「計算師」，
英國。直到一九四〇年代
都是一個正式職業。
第一台機械式計算機
（一台並不迷你的迷你計算機），
法國。
第一個統計主管機關，
報表局（Tabellverket），
瑞典。
第一個打卡鐘，
美國。
第一台電子式計算機
（美國海軍裝在潛艇上
作為魚雷發射計算用）。
第一台個人電腦，
代號米克拉爾，法國。
微軟推出Excel
試算表應用軟體。
iPhone問世。
Fitbit計步器
上市。
大數據、物聯網……
沒有什麼不能連結到
什麼東西上。
數字大爆炸。
1613年
1642年
1749年
1890年
1938年
1973年
1985年
2007年
2014年
2020年代

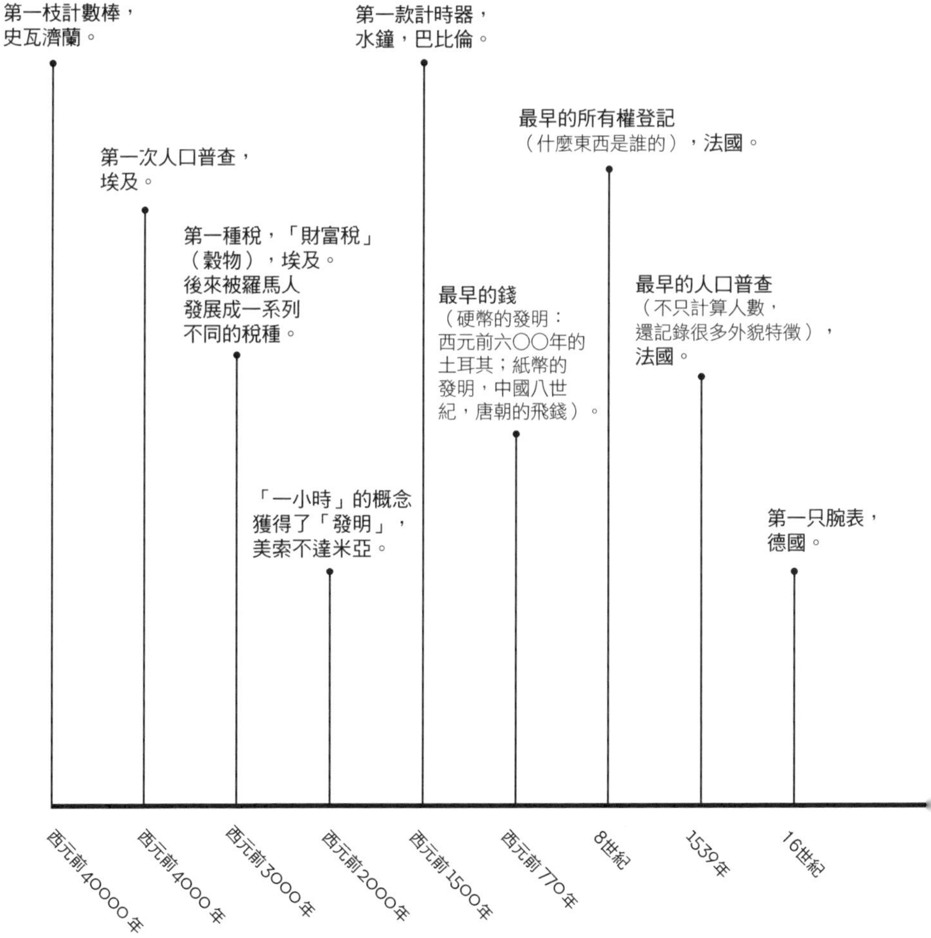
第一枝計數棒，
史瓦濟蘭。
第一次人口普查，
埃及。
第一種稅，「財富稅」
（穀物），埃及。
後來被羅馬人
發展成一系列
不同的稅種。
「一小時」的概念
獲得了「發明」，
美索不達米亞。
第一款計時器，
水鐘，巴比倫。
最早的錢
（硬幣的發明：
西元前六〇〇年的
土耳其；紙幣的
發明，中國八世
紀，唐朝的飛錢）。
最早的所有權登記
（什麼東西是誰的），法國。
最早的人口普查
（不只計算人數，
還記錄很多外貌特徵），
法國。
第一只腕表，
德國。
西元前40000年
西元前4000年
西元前3000年
西元前2000年
西元前1500年
西元前770年
8世紀
1539年
16世紀

1-1 數祕術的誕生

我們身為人類，隨處都看得到數字與數據：在文字裡、標誌裡、名字裡、雲朵裡、大自然裡。我們只要想看到脈絡，就能看得到脈絡，把重要的意義賦予給數字，不管它是出現在新聞裡還是社群媒體，抑或是在野外還是在樂透彩券上。

特定的號碼與數字也可能突然變得非常重要，取得不假外求的象徵意義。聖經《啟示錄》（*Revelation*）的666就是個好例子，亦被稱為「野獸的數字」。綜觀歷史，無數人曾將這個數字聯繫到與他們同時代的惡人身上，讓他們扮演反基督的化身。

其他被賦予特定意義的數字還包括了：13代表厄運、3代表神聖，1,000代表很多。有些數字是如此緊密地關係到特定的事件或概念，以至於它們幾乎產生了一種魔力。相信數字與事件中有一種神聖或神祕的連結的想法，甚至於可以用一個專門的單字來形容，那就是：numerology，也就是數祕術，也有人稱為生命靈數，這是一種基於數字的命理學。你有讀過丹・布朗（Dan Brown）的《達文西密碼》（*The Da Vinci Code*）或看過改編電影嗎？一名符號學教授跟一名密碼學家聯手解開一個數學謎團，而這個數學謎團又關係到羅浮宮館長被殺的案件。同名的改編電影（順帶一提這部電影被天主教會罵得很慘）描述了數祕術的無數例子。無論數祕術關係到費式序列、希伯來的數字系統、還是其他的數字體系，幾乎都在每一種文化裡扮演著某種角色。

人類歷史滿載著數字與數字的魔力，煉金術士、哲學家、宗教領袖、甚至是醫師，都曾經受到數字周遭的神祕光環所感召。比方說，傳統的中醫師與類似的術師（譬如針灸師），都會將其行醫或執業的系統奠基在神祕的數字連結上，像是「人體有三百六十五個穴位，每個穴位各對應一年中的每一天」與「血氣流通共有十二條經脈，就像十二條河流流進一個中央之國」。而就算教會偶爾措詞強烈地反對數祕術，但還是可以在聖經跟其他宗教典籍中看到，比如數字3跟7就在聖經中有著強烈的靈性地位：上帝開天造物花了七天；關於自己能不能避免被釘上十字架，耶穌問了上帝三次；而他也在午後三點被釘上了十字架。

在伊斯蘭信仰與伊斯蘭占星術的應用中，數字7也同樣扮演著要角。七原本是行星的數目，也是第一個所謂的「全數」，意思是三加四等於七、二加五等於七、一加六也等於七；同時七也是骰子每一組正反面的點數總和。在《古蘭經》中，天堂有七層，《古蘭經》的第一章有七節，在麥加的朝聖者要繞著天房[3]，走七圈，並朝代表惡魔的大牆丟擲七顆石頭。

在猶太教與佛教當中，我們也可以看到數祕術與古代宗教的緊密關聯。在猶太教的神祕主義派別裡，特別是在生命樹（Kabbalah，一譯卡巴拉）的思想中，數祕術也極受重視。堅定的卡巴拉主義者認為《舊約聖經》是以由上帝啟發的密碼寫成，他們的數祕術系統，就是為了解開聖經密碼而存在。卡巴拉主義不僅啟發了基督教的密宗，更催生出了商業性的新紀元（New Age）運動，包括由菲利浦・伯格（Philip Berg）所創，吸引了瑪丹娜（Madonna）、英國導演蓋・瑞奇（Guy Ritchie）與黛咪・摩爾（Demi Moore）等演藝界名人投身其中的卡巴拉邪教。

在中世紀，祕算學（arithmology）作為一門「科學」——一種牽扯到數祕術與數字之象徵力量的哲學分支——被發展了出來，且頗受當時的基督教領袖跟藝術家愛用。比方說義大利詩人但丁（Dante Alighieri）的作品裡就充滿了數字的模式與象徵，他的名作《神曲》（*The Divine Comedy*）在很大的程度上基於數字3與聖父聖靈聖子的三位一體，數字3的身影貫穿了整部作品：三個篇章、每一篇三十三首詩歌、每首詩都是三行，書中的惡魔有三張臉，為但丁禱告的女人有三個，書中有三頭可怖的怪物，死後有三個王國。綜觀整個中世紀跟文藝復興時期，數字的神祕主義扮演著重要角色，為數眾多的書籍都像但丁的作品一般使用著數字跟數字系統，或是積極開發祕算學與數祕術，以作為一種可以把其他科學都串連起來的超知識。

1-2 畢達哥拉斯與神祕主義學派

人類對於數字與數祕術在歷史上的迷戀，混合了數學、哲學、宗教、藝術、占星術

---

3 譯註：Kaaba麥加大清真寺中央蓋著黑絲綢的立方體，當中有黑色的經文。

與神祕主義，有趣的是這些思想與運動許多都可以追溯回某位單一操作者：他就是畢達哥拉斯（Pythagoras）。

你還記得小時候在數學課上聽過他的名字嗎？大部分人只要學過幾何，都會記得那個跟直角三角形邊長有關的畢氏定理，但只有少數人知道他是活在西元前五百年的一名數學家兼哲學家兼神祕主義者——他創立了一整個運動，跟一個神祕主義學派。他的思想影響了西方哲學、數學、音樂與宗教，他的理念則啟發了如柏拉圖（Plato）與蘇格拉底（Socrates）等哲學家，外加占星家、音樂家還有卡巴拉主義的追隨者。畢達哥拉斯認為，所有的事物從根本上來講都是數學，都可以用數字的觀念去理解，而他四處演講的內容就是從音樂、幾何到占星再到自然界的所有事物中的數學關聯，像是彩虹有七種顏色，地球有五種氣候區。他傳揚著由全數所構成的和諧中所具有的美麗與邏輯。

畢達哥拉斯在他有生之年就已經是個傳奇，根據亞里斯多德所言，畢達哥拉斯幾乎是個超自然的人類，也因此他很快就圈到一大群粉絲，其成員後來合稱畢達哥拉斯主義者。這幫苦行禁欲、溫和內斂且投身在數學、音樂與天文學的追隨者，構思出很多神祕的理念；畢達哥拉斯的門徒希帕索斯（Hippasus）是被溺斃處死的，因為他覺得2的二次方根並不是個有理數，而他的徒眾對於奇數跟偶數之間的差異也變得非常感興趣對。

或許他們都可稱為是某種先知，因為愈來愈多近期的數字認知研究（這部分我們等等再回來談）顯示：偶數被認為是女性且柔軟的，奇數則被認為是男性且剛硬的。在兩千多年以前，畢達哥拉斯主義者身穿長可及踝的白袍坐著，主張著同一件事情：奇數是男性、偶數是女性。

畢達哥拉斯主義者全都是男性，很自然地認為屬於男性的奇數可以被連結到輕盈的、美好的東西，而屬於女性的偶數則可以被連結到黑暗的、邪惡的東西。正因如此，偶數在好幾百年的時間裡並不受待見。對柏拉圖來說，偶數是一個凶兆；猶太聖典《塔木德》（*Talmud*）中用了很多例子說明對奇數的運用跟對偶數的避諱；穆罕默德也擺明了偏好奇數；古代的各種醫師總是開給他們的病人奇數的藥錠。而哪些數字脫穎而出，成為大部分宗教裡最重要數字呢？沒錯，就是3跟7這兩個奇數。

這代表即使到了今天，我們也比較喜歡這些數字嗎？

1-3 什麼樣的數字受歡迎

你是那種會有點受不了電視遙控器上顯示的是43而不是44或42的人嗎？又或者你會覺得數字20感覺比19來得冷靜跟柔軟？果真如此的話，你並不孤單。認為奇數比較個人主義、焦躁，以及難搞的人並不在少數：偶數則比較友善、沒有爭議、易於了解。數字10是好的，11就有點棘手。研究顯示奇數給人的負擔比較重，因為大腦需要多一點時間去處理它；而偶數流進大腦的過程比較順暢，處理起來也比較輕鬆。奇數會讓大腦卡住。

時至今日我們對哪些數字討大腦歡心、哪些數字又比較難相處，已經頗有認知，對於人類為何對不同數字有不同感受，我們也有各種詮釋，而且從簡單到複雜的都有。二〇二〇年一份詳細的研究解釋了我們對可以整除的數字（又稱合數或合成數，譬如4）跟除了一與自己以外不能整除的數字（也就是質數或素數，譬如5），感受為何如此不同：我們會賦予數字人性，並根據這種賦予去理解它們——這有點像我們面對各種東西或名牌貨時的感覺，某些東西是男的，有些東西則是女的；特定的品牌是精品、很講究，有些牌子就顯得比較粗糙而不修邊幅。牽扯到數字時，我們也會有一樣的想法：可整除的合數與其他許多數字都有關聯，所以感覺比較好相處，而不可整除的質數則欠缺這些關聯，所以給人感覺比較孤僻。

學者還發現另一件事，那就是上述的狀態導致我們會根據與數字的關聯去評判產品或品牌。如果你把一輛新車取名為奧迪Ａ７，那給人的感覺就是獨來獨往並具有個人特色；如果你把同一輛車取名叫奧迪Ａ６，那給人的感覺就偏向好好先生。反之亦然，如果你身為一名獨自做決定的消費者，那有比較高的可能性是你會在產品、特色或價格上選擇可除盡的數字，因為那代表你選到的可能是種與人為善的東西。單身的人偏好社交色彩較強的偶數，很奇怪對吧？但科學上的紀錄證實了這一點。

就像前面說過的，研究也顯示畢達哥斯拉說得一針見血：數字是有性別的。在二〇一一年的一份著名研究中，西北大學艾凡斯頓分校的兩名學者發現，偶數在較高的程度上被認為代表女性與柔軟，而奇數則被視為是男性、獨立跟力量。這些學者給受試者看了一些他們事前無法判讀出是男孩或女孩的外國名字，並把這些名字連結到一個偶數或奇數上，結果顯示，在受試者的眼中，被連結到偶數的名字會感覺像女用，被連結到奇數的名字會感覺像男用。

在後續的研究中，受試者被展示了隨機的嬰兒照，然後會有數字被一一連結到這些照片上，學者就又觀察到了類似的模式：被連結到偶數的照片會被更多人推定是女寶寶，而被連結到奇數的照片會被更多人推定是男寶寶。同樣一張照片被放在奇數邊上，看的人覺得那是男寶寶而非女寶寶的機率會提高百分之十。

還有一點是在那些女性或男性、獨立或合群的一堆數字當中，我們會大小眼。幾年前，《數字奇航》（*Alex's Adventures in Numberland*）兼《衛報》數學部落格作者的艾利克斯・貝洛斯（Alex Bellos）做了一個網路調查，確認人對於數字的偏好。在貝洛斯根據所選數字進行的調查中，他發現奇數要比偶數受歡迎一點。所以雖然我們覺得比起偶數，奇數給人的感覺比較不舒服、難搞，但我們還是比較喜歡奇數。為什麼？或許那只是因為世界上的主要宗教在畢達哥拉斯的啟發下，向來都比較喜歡陽剛的奇數甚於陰柔的偶數，你可以說這是一種數字界的男性沙文主義。

那哪一個數字登上了全世界最受歡迎的數字王座呢？根據四萬四千人投稿他們最喜歡的號碼，當中有一半多一點的人喜歡一到十之間。至於贏家則是——登愣！數字7——考量到7在各種宗教與文化中幾乎無所不在的存在感，這個結果不太令人驚訝。數字7出現在任何地方都不奇怪：一周七天、七宗罪、七山、七新娘、七童話、七姐妹、七海、七奇蹟……當然啦，還有七矮人。

你想得沒錯沒錯，排名第二的是數字3，而且3還是與大部分的宗教都有著千絲萬縷的關係：3代表著三位一體與完整，所以被認為是一個神聖的數字。8搶下了第三名，最主要的理由應該是那在中國象徵著吉祥鴻運，幸運數字8對很多中國人都很重要，就因為這一點，二〇〇八年的北京奧運便在八月八日八點零八分的第八秒開幕（中國的月分是用數字命名，而不像西方人給每個月分都分別取了名字）。

數字0並沒有被納入這個研究調查中，如果有，那它在這項調查裡就會成為一名強而有力的競爭者。自從西元六二八年印度數學家婆羅摩笈多（Brahmagupta）正式在他的著作《婆羅摩曆算書》（*Brahmasphutasiddhanta*）引入了數字0以來（你可以試試看把英文書名背起來），我們就有了這麼個令人驚嘆的概念去理解絕對的「無」。零等於什麼都沒有，不是小到不行，而是徹底的無。我們是如此深愛著零，愛到我們甚至給它起了許多綽號，像是zip、zilch、nada，還有scratch；甚至在運動比賽裡，我們不會說零，而是會採用別的說法來代表零分，像是板球的零分叫作duck，足球的零分叫作nil，網球的零分叫作love。

1-4 生命靈數

認為數字與事件之存在神聖、神祕、有意義的連結，是一種甚至從畢達哥拉斯之前就存在的信念。在現代大部分獨立思想者的眼裡，這恐怕會是一種讓人無法理解的想法；但即便如此，數祕術的狂熱分子在世界各地都有，而且直到今天都大有人在，甚至坊間也買得到很多以生命靈數為題的書籍。很多生命靈數書籍的邏輯是所有人都有／或都是一個獨立的數字，並且得用一種特定的方式去計算。這個數字會影響到生活的各個層面，而你應該讓這個數字決定你住哪裡、樂透簽幾號、去哪裡旅行、住在幾號的飯店房間，還有怎麼給你家的孩子跟貓咪取名。

有些生命靈數的書籍著實是很棒的娛樂。以下所舉的例子節錄自暢銷書《格萊妮絲對你心裡有數》（*Glynis Has Your Number*），作者格萊妮絲・麥康茲（Glynis McCants）是個名利雙收的生命靈數專家，還受邀上過知名的電視節目《六十分鐘》（*60 Minutes*）、《瑞琪・雷克秀》（*Ricki Lake*）與《菲爾博士秀》（*Dr. Phil*）。

我在生命靈數命盤上的生日數字跟生命歷程數字共同組成了一個三的能量震動，所以我是雙重3。有次出門我搭的班機就是三十三號，這挺有趣的。然後航空公司把我安置在了第十二排——你很快就會發現十二可以拆成四個三。等我來到飯店，我住進的是二十一樓，你猜到了嗎？又是三的倍數。等我飛回去時，他們讓我坐在三十號的座位——又是三——於是我想這是在搞什麼飛機。等機長宣布我們將巡航在三萬三千英尺的高度上時，我噗哧笑了出來！能量會這樣不斷與人對話，真是太神奇了。

只要有心在生活中打開3的雷達，那到處都看得到3，並不是一件多難的事情。數字與數字模式中真正困難的事情，是分辨哪些是真正的巧合，哪些是系統性且有人刻意為之的必然。人，特別是屬於數祕術專家的那些人，是不是有種誇張的傾向去拼湊出並不存在的連結？想想我們先前提到但丁的《神曲》，書裡有滿滿的數字模式，除了章節形式與歌曲詞句中顯而易見的各種安排之外，數祕術專家與學者還在文中發現了其他非常明顯的數字模式與連結。但丁是有意為之的嗎？抑或有些模式或數字連結只是單純的巧合？在一篇文情並茂的文章〈但丁中的數祕術與機率〉（Numerology and Probability in Dante）中，數學系教授李察・佩吉斯（Richard Pegis）分析了這些連結，結果他發現這些連結是巧合的機率大概跟但丁是擲銅板在決定這些事情的機率一樣大（並不令人意外啦）。

當然，拿中世紀文學跟當代拿來賣錢的命數勵志書來嘲弄一番，有點勝之不武，畢竟身為民智已開且知書達禮的現代人，我們懂得本來就比較多；但難道我們內心沒有住著一個與生俱來的數字命理家嗎？也許我們腦中都暗藏著對數字命理死心塌地的心情，所以我們才會對數字13避之唯恐不及，才會每個星期買大樂透都在用同樣一組數字「養牌」，才會喜歡3跟7甚過4，也才會每天讓某位國師用數字命理既娛樂你，也指引你。

現代的我們張眼就能看見數字，所以我們受到數字影響的頻率與力道已超乎我們的想像。人類有史以來從未有像現在這樣瘋狂地創造數字。現今數字的成長是指數型的，也是數位式的。還有，沒錯，數字已儼然成了一種流行病。數字塞滿了我們生命中的大小孔縫，也深埋在我們的腦海，數字跟著我們一起去上班、度假、上廁所、睡眠。

也許數字根本已經像名忍者，潛入了我們的體內？

Chapter

2

數字與你的身體

「因為他的背號是四十五而非二十三。」美國職業籃球協會（ＮＢＡ）奧蘭多魔術隊的尼克・安德森（Nick Anderson），曾這麼解釋何以他能在季後賽第二輪出戰芝加哥公牛隊的系列戰第一場比賽最後六秒時，從大名鼎鼎的麥可・喬丹（Michael Jordan）手中抄到球。那是一個歷史的瞬間。當時是一九九五年，喬丹剛剛歸隊，而公牛隊在他離隊一年之前剛在ＮＢＡ創下三連霸。世界上最強球員的復出，回到了世界上最強的球隊，是時候他們要重返榮耀了，奪回別人趁喬丹不在公牛隊陣中時搶走的總冠軍了。但沒想到就在喬丹要進行最後一擊時，球被尼克・安德森抄走了。尼克把球傳給了隊友何瑞斯・葛蘭特（Horace Grant），由葛蘭特完成了灌籃，為魔術隊贏下了比賽勝利的兩分。

「如果對上的是二十三號的喬丹，那我肯定抄不到那顆球，」尼克・安德森說，而他指得是喬丹第一次率領公牛隊三連霸時的球衣背號是二十三。復出的喬丹改穿了四十五號球衣，結果突然之間他就不再是世界第一球隊裡世界第一的球員了，最終公牛隊也在季後賽第二輪遭到淘汰。

隔年球季喬丹穿回了二十三號，也再次成為世界第一的球員，芝加哥公牛隊連闖季後賽與總冠軍賽，開啟了第二次三連霸的序曲。

要說球衣背號讓喬丹成為世界第一的籃球員，或許太看得起一個號碼了；但換個角度想，讀到這裡的你已知人們習慣性地對數字進行各種意義的挖掘與讀取，同時也會在你想得到的各種脈絡中受到數字的影響。而運動比賽可是數字的天下，尤其是在美國，那兒有球迷、媒體、博弈業者整天跑來跑去蒐集各種數據。

比方說，有統計數據顯示喬丹在穿四十五號球衣時的單場平均得分是二十七點五——這成績放在別人身上一點也不差，但比不上喬丹自己穿二十三號球衣時的場均三十一點零分。還有數據顯示背號較小的球員場均得分會高於大背號的球員。這種事搬到曲棍球上就會完全相反，我是說背號跟得分的關係反過來（美國職業冰球聯盟NHL生涯得分第一人韋恩・格雷茲基〔Wayne Gretzky〕穿的是九十九號，而許多到退休幾乎都一分未得的守門員，都很愛穿一號）。統計數據顯示，如果你在NBA打球，那你的球衣背號最好不要超過五十（更講究一點最好選三十一號，那是所有號碼中場均得分最高者），而如果你是在NHL打球，那號碼則以五十號以上為宜（平均最高分是九十一號）。要說兩個聯盟有什麼共通點，那就是球員都偏好奇數而非偶數的背號。

現在又繞回到奇數偶數的問題上了，前面我們已經說過奇數偏男性而偶數偏女性，有鑑於此，許多男性運動員選擇奇數背號好像也是剛好而已。一個例外是足球場上炙手可熱的十號，那是傳奇球王比利（Pele）第一次穿上國家隊的十號球衣擊敗瑞典，為巴西拿下一九五八年世界盃冠軍的號碼，具有非比尋常的象徵意義。但其實比利是誤穿了十號，在當時，球衣號碼對應的是球員在球場上的位置，十號應該是中場球員的號碼，而比利踢的是前鋒。拿下世界盃冠軍後，將錯就錯的比利拒絕更改號碼，那之後的輝煌歷史就眾所周知了。無論如何，問題還是一樣的：數字真的有可能在生理層面上甚至於心理層面上影響我們嗎？

這一章我們會更仔細去看人體如何被數字「入侵」，看數字如何影響我們的強弱、變老的過程，以及移動的方式。事實上，我們重新設定了一部分的原始大腦，而這一部分的人腦跟地球上其他的動物一樣，都會自動對數字產生反應。

所以，沒錯，我們已經變成了數字的動物。

2-1 運動能力

在一項研究中，美國大學的美式足球員必須進行一種國家美式足球聯盟（NFL）職業球員使用的經典力量測試——在三周中做三次225磅臥推的重量測試。毫不意外地，他們每次推舉的次數平均起來都差不多（換句話說，沒有哪個球員突然奇蹟似地神力附體）。但那些球員所不知道是，在其中一次測試中，他們推舉的重量其實只有215磅——測試單位故意標錯重量——於是半數球員在第一周推舉了正確的重量，隔周推舉了較輕的重量，而另一半球員則在第一周推舉了較輕的重量，第二周推舉了正確的重量。無論是哪一組，他們推舉的次數都沒有改變，亦即無論他們臥推的是225磅還是215磅，推舉的實際重量並沒有以可見的方式影響到他們的表現——很顯然，數字可以比鋼鐵還重，而且還至少重十磅。

「數字比鐵重」也可以用來解釋何以推舉成績想從97.5公斤進步到100公斤，比起從95公斤進步到97.5公斤，前者會困難許多。同樣差異2.5公斤，但數字從9被10取代時，卻是比較大的。這道理在某個程度上，你在健身房裡已經親身體驗過了吧？讓人感覺簡直難以突破的數字，被稱為「障礙點」（sticking point），或是「魔術邊界」（magic boundary），但只要你成功突破了那個點，要更上層樓就會一口氣變得簡單許多。數字會左右你的進步。在挪威與瑞典，舉重者常卡在100公斤，但美國人則可能卡在225磅（約等於102.27公斤）。

我有好幾年的目標都是硬舉200公斤，此前我已經穩定進步到190公斤，但就在那個點上我遇到了瓶頸。每次我嘗試200公斤，感覺就像槓鈴被水泥固定在地板上一樣；而每一次我失望地把重量降至190公斤，我就又突然可以不費吹灰之力地將之舉起了，一點問題也沒有，甚至偶爾還可以一連舉個兩、三次！我在這道關卡前逗留了很久（期間我也挑戰過中間的中級魔王，195、197.5之類的，成功過也失敗過）。

某天在健身房，我看到有個人在無止盡地做著硬舉，便過去開口跟他換手。我在槓鈴上數到了180公斤的槓片，然後想說今天輕鬆練，舉個三、四次就好；但才舉第一下，那天的槓鈴就重到一個不行，於是我想這個重量其實很夠了。等後來有另外一個人來幫我把槓鈴挪開時，我才發現當時以為是10公斤的槓片，原來是20公斤（代表20公斤重的藍色邊緣已經剝落得很嚴重，導致看起來跟黑色的10公斤無異）。結果就這樣陰錯陽差，我成功推舉了200公斤，不多不少。

麥可

2-2 老化速度

他們說年齡只是一個數字，而這話也有幾分道理，畢竟人體並不知道自已有多老。根據解剖學教授萊納·黑弗利克（Leonard Hayflick）所說，人體並沒有一個特定的年齡；事實上人體同時有好幾個年齡。組成人體的細胞非常多，而不同的細胞會各自以不同的速率去分裂更新。並且分屬不同身體部位跟器官的細胞，乃至於分屬不同個人的細胞，其分裂更新速度都不一而足。細胞間唯一的共通點就是它們可以自我更新的次數。而黑弗利克發現，當足夠多的細胞達到這個更新的極限時，人就會死亡，而這個極限也被稱為「黑弗利克限制」（Hayflick limit）。

不過，雖然我們的身體由這些細胞組成，而不同細胞的更新速度又不同，但我們大部分人都會年復一年以大致相同的速率老化。關於這點的原因（或至少部分原因），在於我們使用相同的數字來衡量我們的年齡（我們計算自出生以來經過的年數）。

很可惜的是，我們不可能去測試歲數等不等於我們真正的年齡。想要實驗用同樣的數字去測量我們的生命，老化的速度會否一模一樣，那麼我們就必須把那些以年為單位來計算年齡的人、跟那些不這麼做的人放在一起比較，然後看兩組人的老化速度是否不一致，而這根本是做不到的。確實，有些人並不以年為單位來衡量他們的年齡——比方說亞馬遜地區的蒙杜魯庫（Munduruku）族人就只會數到五——但很弔詭的是，我們想根據各種以不同速率在滴答奔向黑弗利克極限的細胞去判定蒙杜魯庫族人活了多久，難度極其之高。另外一個辦法是我可以騙人，跟受試者說他們比實際的年齡老或小，然後觀察他們老化的狀況，但天底下不會有倫理審查委員放行這樣的實驗。

所幸很多人不需要我們騙，他們本身就很善於自欺欺人。我們會搬出「心理年齡」，是因為有時候我們得看著月曆，說服自己我們沒有那麼老。在好幾份不同的研究中，學者比較了心理年齡跟他們正常的步行速度，結果所有的研究都顯示出同一個現象：一個人被認定的心理年齡愈低，他們走起路來就愈快。走路速度這件事的趣味之處在於它往往被當作是簡單的流行病學指標，用以判斷人的生理年齡跟餘命長短。步行速度受到從血液循環到呼吸系統，以及肌肉、關節、骨骼等各式各樣因素的綜合影響，所以你可以將之視為人體整體生命力的概觀，且其精準性已經在學者測量了數十萬人的壽命長短後獲得了背書。換句話說，你走得愈慢，死神就愈容易追上。

心理年齡當然可以影響我們走路的快慢，因為那些生理上真正的年輕人（顯然也能走得比較快），也同樣會因為這種效應而感覺自己年輕。但某項研究的學者比較了不同心理年齡者的步行速度後，他們發現這種連結只存在於當人需要在走路前報告自己的年齡（也因此被提醒實際年齡）的時候；也就是說，是心理年齡的數字導致他們以不同的速度走路。而這一點也解釋了何以學者發現，受試者會在線上遊戲的環境中指示他們的數位人偶隨著人偶年齡增加而放慢走路的速度，甚至在他們下線後，在現實的實驗室外走路也會變慢。

有份分析數萬人的研究資料發現，心理年齡就像月曆上的年齡一樣，會影響所有我們認為與老化有關的事物，包括記憶力、認知功能、生理健康、孱弱還有死亡。你有多老跟你能活多久，會決定於你在自己的年齡安上一個什麼樣的數字。這可不是比喻。

這解釋了何以我們的年齡有其魔術邊界。一如數字邊界會影響我們能夠推舉多重，它也會影響我們老化的速度。

變老會讓人傷心是無庸置疑的。人的年齡只要過了某個神奇的數字，像是三十、四十、五十，很容易便會稍微陷入某種「活著要幹麼」的中年危機。其中男性又是這種存在主義危機的高風險群。這時有些人會去買哈雷重機，有人會去外遇，也有人會突然運動成癮。

我為中年危機安排的節目包括人生的第一場馬拉松。在斯德哥爾摩一個炎熱的豔陽天，我發現起跑線上的人群中有好多個「我」——有點狗急跳牆想做點什麼的四十幾或五十幾歲男性——其中一個人甚至穿上一件尺寸有點太小的短T，上頭印著「人生半百照樣性感」。

在痛苦至極的路跑之後（下次不來了啦），我跌跌撞撞地回到飯店，並立刻挖出了統計數據。果不其然：在跑馬拉松的女性與男性當中，剛滿三十、四十、五十的人數相當可觀。在跑者當中，最常見的男性年齡是五十，女性則是三十。且不分男女，適逢三十／四十／五十／六十等大壽的跑者都是統計數據中的最大宗。一份取自兩百三十萬名馬拉松跑者的統計數據顯示，這些「大壽型」跑者占比高得不成比例，足足有百分之十三點三。這可不是個小數目。至於這些人的身材有沒有保養得比別人好，那又是另外一個問題了。

我不會告訴你我的成績。但我可以告訴你那個微胖的「半百仍舊性感」先生穿著緊身的T恤，在斯德哥爾摩運動場裡的最後衝刺險勝了我，那讓我的自尊不是很能接受。

海里格

你猜幾歲的人最覺得自己老？滿四十二歲，還是滿四十歲？

我們究竟會對年齡達到四十或五十這樣一個「神奇」的數字作何反應？我們會突然覺得自己變老了嗎？我們會看著自己的身體有不同的感受嗎？在所有「英國研究」的怪事當中，難道不該有人也研究過這一點嗎？欸，還真的沒有，所以我們兩個北歐人決定自己來，而我們的靈感來源就是斯德哥爾摩馬拉松。

我們發問卷給幾百名隨機挑選且不分性別的人，問他們實際年齡以及感覺自己的心理年齡，還有各式各樣與他們身材體態有關的問題。然後我們拿滿三十／四十／五十／依此類推之人去跟其他所有年齡的人比較，觀察兩邊的異同。

結果你猜我們發現了什麼？首先，幾乎所有人都覺得自己比實際年齡年輕。心理年齡穩定地比實際年齡低，而且同時適用於「年輕人」跟「老人」。也許這並不值得大驚小怪，感覺年輕有活力是人的基本需求。平均而言，我們的心理年齡比生理年齡小八點四歲，亦即我們內心比實際上年輕許多。

但好玩的是，個位數是零的人，比方說那些剛滿四十歲或五十歲的人，會在大壽當天感覺比其他生日時更有「老了」的感覺。如果我們將心理年齡從實際年齡中減掉，那大壽壽星跟普通壽星之間就能看出系統性的差別。大壽壽星平均只感覺比實際年齡年輕六歲——換句話說，大壽壽星平均感覺比過普通生日時老二點四歲。而當我們問他們覺得自己大腦年齡幾歲，大壽壽星平均的答案是比所有人老三歲。

在我老婆要滿三十九歲的生日前一周，我問她想要什麼生日禮物。「大概想辦一個盛大的派對吧，畢竟我要奔四了。」她答道。等我指出她只是要滿三十九歲時，她挑起眉毛，爆笑出來。「我還以為我已經三十九歲了！」隔天她取消了計畫好的眼科檢查，去配了眼鏡。

麥可

很顯然，我們很在意自己的年齡，而這個數字對我們是有影響的。但以「年」為單位去計算人類的年齡真的正確嗎？也許用「天」去算才是比較聰明的作法？但真那麼做，我們的人生觀會有所改變嗎？

我們也測試了這一點。我們請一千個人猜測人類的平均壽命多長，然後給了他們幾個選項，有的用天表示，有的用年。然後我們問他們感覺自己的生命有多少意義，這答案想當然不應該受到時間單位的影響，對吧？畢竟無論你怎麼換單位，時間都一樣長，更何況生命有沒有意義不是看它有多長，而是看你怎麼運用它。結果，當然，時間的單位並沒有影響——至少看到文字選項（**三萬天 vs. 八十五年**）的受試者並沒有受到影響；然後神奇的事情發生了，那些看到選項用數字表達（**30,000天 vs. 85年**）的受試者確實受到了影響，他們覺得生命用天算的意義比較大，用年算的意義比較小。

我們受到實際年齡的影響，並不是只有在大壽的生日當天。我們會在日常生活裡一次又一次被提醒那個數字的存在（因為通常都用數字表示——我們今年21、47、69或85歲），而那些提醒不會船過水無痕。

我們在上述段落所描述的，是研究顯示當我們被提醒「感覺」自己多老（或多年輕）可以改變我們的走路速度，而心理年齡在其中產生了作用；但如果我們被提醒的是自己的真實年齡呢？那情況會怎麼發展？同樣地，這種研究並不存在，於是我們只好又自己來。我們請超過兩千人做伏地挺身，能做幾下做幾下，其中一半的人得在伏地挺身完畢後寫下自己的年齡，另一半則得先寫再做——也就是說這一半的人會在伏地挺身前被提醒自己的實際年齡。可想而知，年輕人做伏地挺身的次數多過年長者：以年齡中位數為界，上下兩層的次數有百分之二十五的差距——但這是「先做再寫」那一組的狀況。換到「先寫再做」那組，年齡中位數上下的伏地挺身次數會差到百分之五十。提醒年齡會讓不同年齡層的表現差距擴大將近兩倍，他們伏地挺身時的痛苦程度差距也等比放大。

一個數字就能影響我們如何變老，影響我們能做多少個伏地挺身，這在個人的層次上會讓人一則以莞爾、一則以殷憂；但在社會的層次上，這足以讓人十分不悅。

想想這年頭，那些年齡話題會冒出來的場合：

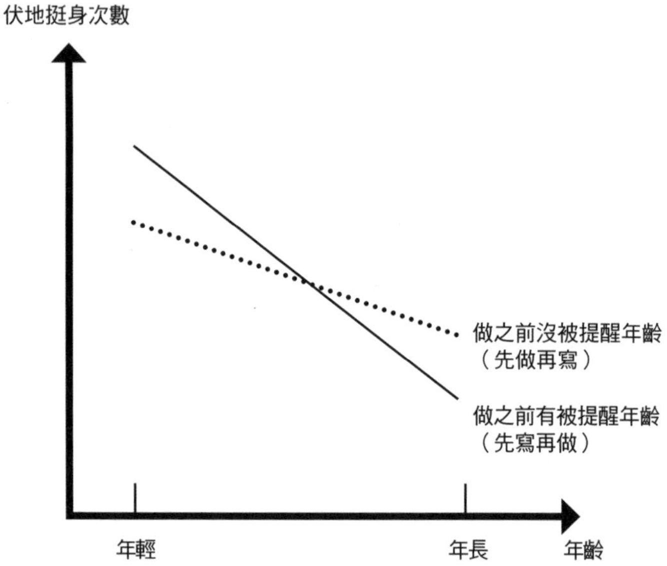

- 每當你接受訪問，無論那是為了行銷市調、選舉或時事的民意調查，或是人口普查，你都有很大的機率被問到年齡（而調查方也會根據年齡去看待你的答案）。
- 在交友軟體的個人資料上，你必然得提供年齡資料，而當你在審視別人的檔案時，年齡也會被當作篩選標準。
- 做體檢的時候，你會被要求說明年齡。很多以健康為訴求的app也會在你登錄時要你先提供年齡，以此為根據追蹤你的心率、脈搏、心境與活躍程度等項目。

● 如果你想參加運動賽事——比方說由美國CrossFit公司自二〇〇七年起主辦的混合健身大賽（項目有舉重、自行車、游泳等）或某種路跑——你都可能會被要求依照年齡報名。

這也難怪年齡歧視會慢慢變成一個社會問題，上了年紀的人無論找工作或參加運動選拔，都會被大小眼；我們也因而暴露在一種風險中，那就是看著自己跟別人的年齡愈來愈大，會感覺沒有以前快、沒有以前強，也沒有以往靈活（有時也真的如此）。隨著一個個大壽來了又走，不同年齡層之間的代溝似乎會不斷擴大，以至於我們會愈來愈與年輕人有距離感，愈來愈懶得與人交流（有件怪事想順道一提，那就是在交友軟體上，三十七歲的人更可能拒絕一個四十一歲的人，而三十一歲的人還沒那麼容易拒絕一個三十八歲的對象，這樣是對的嗎）。二〇二〇年一份大型的統合分析，研究了四十五個國家的幾百萬人，結果發現年齡歧視正系統性地降低年長者獲得照護與雇用的機會，進而減少老人家與其他社會成員的互動，損及他們的身心健康，縮短他們的預期壽命。

2-3 直覺反應

數字對我們身體強弱與衰老與否的關聯，心身症（psychosomatics）是很好的實例：數字會讓我們的內心產生各種不同的想法，而後這些想法又會影響到我們的身體。不僅如此，在不知不覺的情況下，我們還是會出於本能受到數字影響。

一到四的小數字會讓我們自動想往左靠，六到九的大數字則會把我們往右邊帶。可以證明這一點的實驗還不少，而且都蠻好玩的。比方說，曾有實驗請受試者一邊走路一邊咕噥一些隨機的數字，然後突然叫他們轉彎，正好說到小數字的會傾向於左轉，說到大數字的會傾向於右轉；同理，剛左轉完的人會比較容易說出小數字，而剛右轉完的人會比較容易說出大數字。不只是走路，其他動作像是跑步、或是有東西飛過來要接住的時候，人腦中所想數字跟他們第一時間的轉向都有這樣的連動關係。

無論東西來自右邊或左邊，我們用手接住東西的能力也同樣會受到數字的牽動。話說，手部與手指的肌肉會在我們看到或聽到數字時自動產生反應：小數字會讓手略為收縮，大數字會讓手鬆動。這點經過把電極連到人手上去測量肌肉活動，然後朝人丟東西看能否接住的實驗，已經獲得確認。

學者稱這些由數字控制、而且會影響我們身體與視線的動作模式叫作「反應代碼的空間—數字關聯」（Spatial-Numerical Association of Response Codes，簡稱SNARC），意思是我們傾向在後退時聯想到小數字、在前進時聯想到大數字；同理，我們會想著大數目加速往上走，會想著小數目往下坡路走。

只要你想著1、2、3等數字並以此類推，你肯定會在腦海中看到1從左邊出發，然後從2、3開始一路往右移，直到10為止，就像一條數線。或者從10開始倒數到1時，你心眼視線會一路往下探。而這恰好解釋了何以英文中的倒數計時會叫作countdown，也就是「往下數」。另外在日常的言談中，我們也會形容數字「起起伏伏」。

SNARC指出人對於空間與數字的理解是連在一起的。大腦中連接空間與數字的

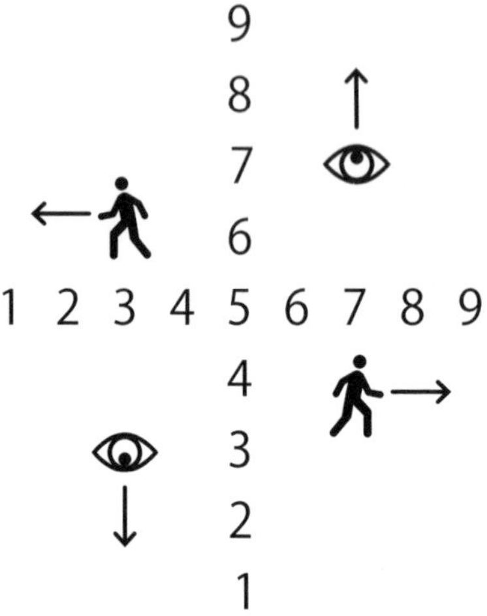

部位就在前額葉後方，這個區塊稱為頂內溝（intraparietal sulcus），縮寫是IPS。腦部掃描的研究顯示，頂內溝除了會在我們看到或想起數字的時候被啟動，也會在我們評估深度與距離、把注意力轉往不同方向、在移動中以手做出反射性的反應時，都受到啟動。

由此我們可知數字跟我們許多基底性與生理性的動作都有著神經上的連結，而且我們對數字多多少少會有一種直覺式的反應。學者有時候稱頂內溝裡的腦細胞是「數字神經元」：這些細胞彷彿經過標註似的專門要對數字產生反應，而且所需的反應時間比起我們對文字產生反應的時間要短上很多。

我們可以推定這是因為大腦把數字連結到了我們先天的生存本能。我們生來就有能力去區分身邊各種事物在量或數上的大小之別。一個出生四天的嬰兒已經能看得出大小積木、一塊跟兩塊積木、或兩塊跟三塊積木之間的差別；六個月大時，我們就能翻譯數字，所以寶寶聽到三響鼓聲，就會自動看向上面有三個點的圖片，而不會看只有兩個點的圖片；寶寶還會在有人當面改變積木數目時立即產生反應，或是在他們看到物體大小改變時有所反應。這種能力除了人類以外，猿類有，貓咪也有。若干實驗已經證明了人猿跟貓咪可以看到兩顆球：學者會用屏風遮擋牠們的視線，然後趁隙拿走或添加一顆球，等學者移開屏風，人猿或貓咪會一副很震驚的模樣，好似不能相信自己的眼睛。

對數字跟體積產生反應，可能意味著生與死的差異，因為這關係到動物能不能快速判讀敵人，或是能否覓得巢穴或食物；這也可以解釋何以數數兒的能力並不是人類所獨有，那幾乎已經可以說是一種動物的本能。比方說學者已經成功教會了人猿與貓咪——甚至還有鴿子以及（每個實驗室都少不了的）白老鼠——去把兩個可以吃的物體加起來，不加起來就吃不到。哈佛學者艾琳・帕波伯格（Irene Pepperberg）甚至利用好幾年的訓練，教會了她的灰鸚鵡艾力克斯數到六。不過，儘管鸚鵡跟其他動物可以數出球、種子、人跟單字等東西的數量，但我們人類從四歲起就能把牠們甩開，因為我們會發展出一種獨特的能力：使用數字，並平等地對數字做出回應。大多數人早在能認字寫字之前，就先開始學會數字，並且把數數用的手指跟數字連結起來，然後在大腦頂內溝創造出特定的數字神經元，藉此導引自身的動物本能去對數字與體積產生反應。換句話說，我們設定了大腦自動並快速地回應數字，彷彿生死交關一樣，也不管那些數字究竟有什麼含義。

有鑑於此，數字可以在生理上影響我們，讓我們變強或變弱、變小或變老，讓我們往東或往西，也就不足為奇了。其他不值得我們大驚小怪的還有數字何以能在許多方面及脈絡下影響我們，但我們卻渾然不覺；以及數字既可以拉我們一把，也可能拖我們後腿，只因為數字把直覺性的動物反應連結到了八竿子打不著的事物上。

2-4 認知能力

數字也讓我們對原本我們沒注意到的改變跟差異產生了敏感性。以亞馬遜流域只能數到五的蒙杜魯庫族人為例。人類學家拜訪了他們，並請他們回答一些問題，像是從兩堆穀粒中選出比較大或比較小的那一堆。只要兩堆穀粒都不超過五粒，那他們判斷大小就沒有問題；但只要這兩堆穀粒超過五粒，蒙杜魯庫族人就會在選出正確答案時遇到很大的難題，除非其中一堆的體積是另一堆的兩倍大，他們才能一目瞭然地判斷。同樣的事情也發生在學者在增減穀粒時，只要一堆穀粒超過五粒，蒙杜魯庫人就搞不清楚東西是多了還是少了。

生活在亞馬遜流域另一隅的皮拉罕人（Pirahã）只掌握了數字一跟二。人類學家給他們看了一張紙，上有一些線段，然後請他們畫出相同數目的線段：只要那些線段是一條或兩條，那皮拉罕人就可以配合，但線一旦超過兩段，事情就會變得棘手，能畫到五條線的族人大約只有一半。

在另外一場實驗中，學者把堅果放在一個錫罐中，並騰出一個角度讓皮拉罕族的受試者可以看見錫罐中有多少顆堅果，接著將罐子立直，恢復成看不見罐中的狀態。學者從罐中取出一顆堅果，一次一顆，然後請族人在他們覺得罐子已經空掉時出聲表示。如果是在罐子裡只有一或兩顆堅果的時候，受試者全體都能夠正確答對，但一旦罐子裡有五顆堅果時，十九個族人裡就只有四個人答對，再增加到六顆，答對的比率就只剩下十分之一。

即便我們無法得知蒙杜魯庫族人是否老得比我們慢，我們也多半可以確定他們或皮拉罕族人都沒有跟我們一樣的年齡焦慮問題，畢竟就算他們同樣以年為單位計算年齡，也只能數到大約五歲，那之後他們就沒辦法分得很清楚了。他們大概也沒辦法對Instagram上的按讚數產生執念，或對堅果的多寡斤斤計較，因為他們的數字神經元在設定時有所欠缺，無法數出當中的差別。

好了，讓我們回到本章最前頭，麥可・喬丹跟他的球衣背號到底是怎麼回事？關於四十五號的喬丹場均得分變少，最主流的解釋是他當時剛回歸離開了一年的籃球場，身手難免有些生疏；然後等他換回二十三號球衣，狀態也差不多熱身完畢，所以他又變回了那個世界第一的籃球員。

現在，讓我們整理一些本章重點，可以發揮數字疫苗的作用：

1. 我們是數字的動物，無論有意或無意，都會受到數字的左右。所以我們在數字之間活動要非常小心，這是保護自己，也是保護旁人。
2. 花點時間思考你何時會本能地對數字產生反應，那些數字究竟有什麼含義？（對現代人而言，數字鮮少關乎生死，不涉及覓食，也不涉及敵友的辨別。）
3. 提醒自己數字的魔術邊界只是一種幻覺、一種心結，那種數字關卡其實並不存在。39與40、38與39，乃至33與34之間，都沒有任何差別。
4. 不要讓數字決定你的年齡、你的力量、你的身分——你要是坐視不管，數字就真的會決定你是誰。你的年齡、力量跟身分應該對應哪些數字，應該要由你自己說了算。

5. 下次打籃球，盡可能選擇小一點的球衣背號，防守你的對手會不自覺往左偏，他右邊就會有空檔供你切入。非常值得一試。

打完這些數字疫苗，我們希望你能更加覺醒，更懂得如何應付數字對你與他人所產生的效應。

說起覺醒，你想過數字對你心中的自己有什麼影響嗎？

Chapter

3

數字與你的形象

二〇二〇年四月十七日，十八歲的努爾・伊克巴爾（Noor Iqbal）在印度新德里的家中，預計要跟父親帕爾維茲（Parvez）共進午餐。帕爾維茲出門買菜，回到家卻發現門栓從裡面上鎖了，在警察的幫助下，他得以破門而入，但努爾已經死在了屋裡。警方調查得出的結論是該名青少年是自殺身亡，而他會想不開，顯然是抖音影片太少人按讚。

很遺憾，努爾並不是個案。英國蘭卡斯特的克蘿伊・戴維森（Chloe Davidson）一心想要成為平面模特兒，十九歲的她在二〇一九年十二月輕生，讓她走上絕路的部分原因也是她在社群媒體上的照片沒有太多人按讚。

同樣的案例還不只以上兩個。甚至就算被救活，這些年輕人也證明了來自他人的評價可以在極端可見、公開、可測量的狀態下，造成何等嚴重的後果。

在美國，自殺占到青少年死亡總數的百分之十三，而按讚數、愛心、分享、點擊、追蹤等數字作為在社群媒體上的新通貨，可能就在這些尋短的案例中扮演了某種角色。光是按讚數低，不太可能讓一個人萌生死意，但對人緣跟價值這麼極端的量化，確實可能強化當事人的心理跟社交機制。按讚數扮演著放大器，同時放大我們內心脆弱的自我與膨脹的自我，這數字可能只需要幾小時、甚至幾分鐘，就可以讓我們的自尊心要麼破滅、要麼膨脹。暴露在切身的數字中，代表弱者會感覺愈弱，強者會感覺愈強。

在老當益壯、仍是全球最大社群網站的臉書上，超過五十億人每天都在按讚，這相當於每分鐘有四百萬個人按讚。在Instagram上，人們每分鐘會給近兩百萬張親友的影像按讚。這些影像與貼文的按讚數有目共睹，所以全世界都知道我們跟我們的假期、小孩、嗜好、晚餐、日光浴，有沒有人在關心我們。

但這些數字跟人的自我形象與自信，有什麼關係呢？那些我們不斷在社群媒體被疲勞轟炸的數字，又代表著什麼呢？你支票帳戶裡的餘額、你賺到的紅利點數、你的脈搏、還有你今天走路的步數，知道這些東西會對你產生什麼影響呢？透過各種手機程式跟數位介面，我們二十四小時被灌輸著各種資訊：關於我們的各種統計、我們的成就、我們被數字化的成績。這些資訊會不會對我們的自我形象跟自信心，產生大於我們所想的作用呢？

3-1 數字＝金錢

很久很久以前，在網際網路、智慧型手機、各種連網裝置都還不存在的時代，我們身邊沒有那麼多數字跟量化單位去測量我們自己或別人時，我們可能多少知道別人幾歲、有幾個小孩、他們有幾隻手跟幾條腿，但其他部分我們就只能用猜的、預估與八卦了。同樣地，關於自身的那些冷冰冰的事實，我們也知道得比較少：我們不知道有多少人喜歡我們的貓咪，不知道我們某星期走了多少步，也不知道究竟有多少同事真正欣賞我們在報紙上寫的專欄。我們活在自我量化的黑暗時期。

但當時還是有一種非常好用的數字——那是很重要的量表，沒有人不愛用，也沒有人不以之去衡量鄰居跟我們自己；這個舉足輕重、方便量化、社會能見度高，而且十分具體的計算單位，已經與人類朝夕相處了許多個世紀——那就是「錢」。

金錢向來很方便拿來比較與測量，同時錢對所有人都很重要。錢可以賦予人地位、自信與社會資本，且綜觀歷史，錢可以供各式各樣背景的人進行一種量化的比拚——其作用跟社群媒體上的「讚」有異曲同工之妙。光憑這點，我們就應該進一步看看學術研究如何評論錢能帶來的心理作用，然後再去思考其他的量化單位與自我指涉的數字，想想各種數字對我們有什麼影響。

光是看著錢或想著錢，對我們的影響力就遠超乎我們所想。看著照片上的錢、拿起貨幣，或甚至是手裡摸著假錢，都會影響人的思想跟行為。一個長達十年、主題為金錢效應的研究——觀察兩組人的行為差別，一組在腦中被置入了錢的想法，一組沒有——清楚地顯示了錢能讓我們更加專注，內心更加強大，也讓我們更有自信。在金錢的包圍下，人會感覺他們的人生操之在己，更加獨立，也更不需要倚靠別人。研究甚至顯示錢能讓我們比較不怕死：眼裡有錢跟手中有錢（甚至不需要是真錢），比起眼裡跟手裡都沒有錢的人，前者會有點忘記怕死是什麼感覺。

當看得到錢也摸得到錢，我們還會有幾種反應：包括我們助人的意願會降低、我們的世界觀會變得比較現實，彷彿所有事情都是一場交易、還有我們會變得比較不體貼別人的感受。被隨機挑選出的個人暴露於金錢以後，會變得比較不顧慮他人、也會變得不太愛社交；但與此同時，他們在有目標要達成時會顯得較為獨立，不缺乏自信。這種人設不是很討人喜歡對吧？所以有人說這叫「混蛋效應」，有錢人給人的刻板印象就是唯我獨尊，愛用錢砸死人。但有趣的是，混蛋效應不是富人的專利，它在所有人身上都成立，當隨機選出的普通人腦中被置入了錢的概念後，與富人無異的相關效應就會出現：這些普通人會變得愛算計又自我中心，產生不知道哪兒來的自信。

好，所以把錢換成其他日常會碰到的數字跟量化單位，我們能對類似的效應產生什麼新的理解？追蹤者的人數、消費的紅利點數、Fitbit運動手環上的走路步數，也能推升我們的自信跟自我形象嗎？你說呢？

有個簡單的方法能確認這點，那就是去看一眼社群媒體用戶的腦部。好奇如我們，研究了逾三百名有Instagram帳號的美國人，看看他們按讚數跟自信心之間有沒有正相關。結果當然毫不意外，按讚數與自信心還有自滿程度都吻合得相當好——其中自滿程度指的就是自我感覺良好的程度。在這次的研究中，單張照片的平均按讚數是十五個。進一步研究按讚數高於或低於平均的個別照片後，我們發現了一個很有趣的模式：就自信度、生活滿意度、獨立程度而言，照片按讚數多的人明顯比按讚數少的人高出一截，照片按讚數多的人也同時回報了比較低的精神壓力。

當然，這個研究也可能是倒果為因，也許真相是有些人自信較低、壓力較大，且生活過得不好，所以他拍出來的照片當然就比較爛、缺乏看頭，按讚數當然也比較少，也有可能他們按讚數少是因為朋友少。這些說法好像轉得有點硬，但你也不能百分之百排除可能性對吧。要確定這當中的因果關係，我們必須做點實驗來看看較大的數字是否真能提升人們的自信，讓他們感覺更強大、自我感覺更良好。

出於這個理由，我們做了兩個實驗。在第一個實驗裡，我們找來了一群美國的運動者。為了調查數字能否在金錢與社群媒體的脈絡下影響人的自信，我們聚焦在他們跑步有多快的數字上。而為了做到這一點，我們不得不稍微騙他們一下：我們把運動者隨機分成三組，跟其中一組說他們的跑速在平均以上，跟第二組說他們的跑速在平均以下，第三組是我們實驗的控制組，他們對自己的相對跑速沒有得到任何資訊。實情是，三組的跑速快慢並沒有顯著差別，我們只是玩弄了他們的感情。

所以結果呢？被告知跑速在平均以上的第一組回報了較高的生活滿意度跟自信度、還有較低的情緒壓力值；第二、三組在這些方面都比不過第一組，其中第二組那些被告知跑速在平均以下的可憐蟲突然覺得人生既沉重又艱難，他們覺得一個人的日子撐得很辛苦，即便整體而言他們的處境跟第一、三組並無差別。更有趣的是，我們還測量了實驗中的受試者自認外表有多帥跟多美：以為自己跑得快的第一組平均而言，他們自認算得上是帥哥正妹；誤以為自己跑得慢的第二組則覺得他們的外表拉低了一點平均。

我們的第二個實驗是以美國的四百名Instagram用戶作為測試對象，調查的內容非常簡單，在網路上就可以完成。實驗的一開始，我們問了受試者的年齡跟性別，還有他們在Instagram上的追蹤人數。然後我們解釋我們的「演算法」會計算他們的追蹤人數在同年齡層裡是多還是少——沒錯，我們又騙人了，我們根本沒有什麼演算法，只是隨機將他們分成兩組，一組跟他們說追蹤人數比同齡者高百分之三十九，另一組跟他們說追蹤人數比同齡者平均少百分之三十九。

你大概可以猜到我們的發現了吧，是的，聽說自己的追蹤數高於同齡的平均值，讓第

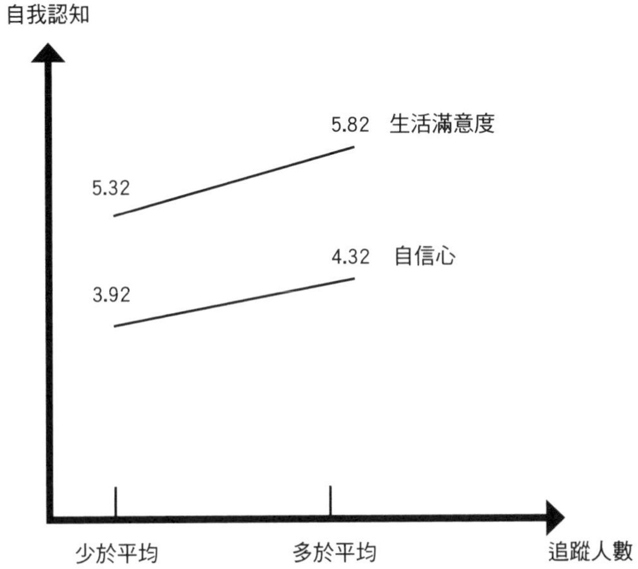

一組人表現出更高的自信跟對生活更高的滿意度；以為自己Instagram人氣低於同齡平均的第二組，則在主觀的自信跟生活滿意度上都被比了下去。而別忘了這兩組只是我們隨便分類的，所以兩組人的Instagram追蹤數根本沒有差別。這兩組人唯一的差別就是他們突然以為自己在Instagram上的人氣高或低而已。

順道一提，你想不想知道當我們問起他們想要什麼禮物當作參與實驗的獎品時，他們從二選一中挑了什麼？他們可以選一對一的烹飪家教課，由大廚親自授課，也可以選跟朋友一起上的團體烹飪課。嗯，以為自己Instagram高人氣的第一組，大多選了大師單獨授課，這反應不得不說跟有錢人有幾分神似。

3-2 按讚數就像多巴胺

研究顯示在社群媒體上得到許多人按讚，會讓大腦湧出多巴胺。二〇一六年，有群青少年一邊用類似Instagram的社群媒體看照片，一邊接受功能性磁振造影（fMRI）進行大腦掃描。那些照片有的是他們自己、有的是陌生人，而每張照片都被學者隨機加上了不同的按讚數。青少年一看到自己的照片上有很高的按讚數，學者就能觀察到大腦主要部分的活動量大增。其中最活躍的是跟獎勵有關的區塊，還有被稱為社交腦的區域、以及連結到視覺注意力的區域。學者的結論是，按讚數會造就社群媒體的成癮性，讓大腦受到有如賭鬼般的影響。

不少研究都已經指出社群媒體利用按讚數去量化人氣的問題。有些研究點出成癮性、自戀與憂鬱都是使用社群媒體的潛在後遺症，按讚數與自信心之間的連結也已被很多研究寫成白紙黑字：按讚數愈多，人的自信就愈強，按讚數少，人的自信就好不起來。按讚數能對自信產生如此直接而快速的效果，其中的理由是數字能讓社會性的比較變得簡單：將兩個數字放在一起，比較就是一瞬間的事情。但是，兩張出遊照或兩張美食照就沒有那麼直觀了，照片是見仁見智的，每個人都可以有主觀詮釋。如果只是看著兩張風景迥異的照片，你完全可以自認你的假期不輸給我的；但如果你的度假照有兩百個人按讚而我的只有五十人，那很顯然在眾人的眼中、甚至在我自己的眼中，你的假期遠遠把我的比了下去。

這個按讚與自信的連動機制有一個弔詭之處，那就是量表的兩端似乎都會變得不太健全：按讚數少的一方有陷入憂鬱跟自信受損的風險，按讚數多的一方則一不小心會目空一切跟變得自戀。

3-3 比較地獄

身而為人，我們對於跟他人比較可說是樂在其中。為了理解身邊的世界，我們需要知道其他人跟我們相比是差不多、比較好，還是比較差。素未謀面的人來到我們的社交圈，我們第一件事就是趕忙判斷他在社會秩序或位階上高於或低於我們，同時我們也都樂於對彼此進行排名跟分類，否則我們也不會有各式各樣鋪天蓋地的排行榜：我們有運動比賽的排名、飯店評價的排名、國家幸福指數的排名，還有信用評比，乃至於學校、醫院、機場都要拿來一較高低。

社會比較可以提升我們的成績、激勵我們更加努力，是因為在比較中敗下陣來等於讓自我形象受到了威脅——下次我們就會設法扳回一城。如果有人跑得比我們快，或是Instagram人氣高於我們，我們就會想要急起直追，或者能超越他們更好。比較對我們愈重要，我們想要自我提升的動機就愈強。神經心理學的研究顯示，社會緊密地連結到大腦的獎勵中心：如果你表現得比其他人好，你會比較開心；反之若你表現得差，你會覺得傷心或生氣。

順道一提，你知道在奧運的競賽中，銀牌得主還是銅牌得主會比較開心？這問題也有人研究。學者想到的辦法是標註他們在終點線時與站在頒獎台上的臉部表情管裡。答案是，銅牌得主會系統性地比銀牌得主滿足得多。明明就是銀牌的成績比較好，怎麼會銅牌得主反而比較開心呢？因為銀牌得主「輸掉了」金牌，而銅牌得主「贏得了」上台領獎的殊榮；銀牌得主是在跟金牌得主比，銅牌得主是在跟什麼牌都沒有的其他選手比。

我們活在社會上，會拿自己「往上比」而不會「往下比」，這話貌似好事一樁，正所謂取法乎上，跟比自己能幹、快速、聰明的人相比，會讓我們獲得啟發，產生精益求精的動力，不是嗎？很可惜答案正好相反，往上看的社會讓我們對自己心生不滿，不相信？你去問問那些奧運銀牌得主。

又或者你可以去臉書等社群媒體上瞧瞧。在那些網絡空間內，使用者可以自行決定他們想觀看、追蹤的對象，他們是會向「上」比較那些長得更好看、口袋更有錢、按讚數跟追蹤者都更多的好友，還是向「下」比較那些看起來過得挺慘的傢伙？大部分人的選擇你應該猜得到吧，沒錯，他們會往上比，去看那些按讚數、追蹤者與朋友數等一干數字都比較高的人，研究顯示這麼做不僅會打擊他們的生活滿意度，還會讓他們高估別人的生活有多美好。這種效應會得到強化，是因為人會貼出美化過的生活照到社群媒體上——儘管那些照片不等於現實的生活。

在受試者必須評斷社群媒體上各種（假）個人檔案的實驗中，學者發現往下比較對個人的自信心完全沒有影響——你可能會以為看到別人慘兮兮有助於人的自信，但那並非實情。反之，當人往上比的時候，他們的自信心與對自身生活的滿意度會下降。所以說，對自尊心而言，打開社群媒體在別人的按讚數跟檔案中滑動，很顯然等於搬石頭砸自己的腳。

那其實跟看電視有點像。電視上或電視劇裡的人物普遍比一般人有錢一點、也成功一點，你覺得人看多了電視會產生什麼改變？答案是他們會高估周遭旁人的有錢程度，同時低估了自身的財富跟幸福。而你覺得人在得知同事的薪資後，他們的幹勁與生活滿意度會產生什麼樣的變化？答案是他們會發現生命中又有了新的東西可以抱怨：你總是會有個同事的薪水讓你覺得也高到離譜了吧。在一項對五千名受雇者進行的英國研究中，學者發現當同事賺得比自己多愈多，人就愈不開心；在另外一項哈佛大學針對教職員與學生進行的研究中，半數受訪者說他們寧可自己賺五萬元而同事賺兩萬五千元，也不要自己賺十萬元而同事賺二十五萬元。人類為了不當牛後而對雞首眼紅到什麼程度，由此可見一斑——他們寧可自己薪水砍半，也不想看著同事賺得盆滿缽滿。

社會比較無所不在，而且跟我們有沒有意識到無關。構成我們比較標竿的可不只是按讚、觀看、分享跟追蹤者的數字而已。同樣的效應也存在於我們生活中林林總總的其他數字：收入、體重、身高、走路步數、平均走速、紅利點數、打遊戲的等級——上述舉例只是給你些概念。

新的感測器、數位化與全球化的日益普及，意味著我們無時無刻不迎來更多數字，有的是關於我們自己、有的是關於我們身邊的人。我們對所有事物都有一把量尺，但或許比這更糟糕的是：有些事情是以前我們想比也比不了的，但在現下都可以比了，而且還非常容易。在過往，世間存在一些避難所還沒有被數字滲透，我們身在其中沒得選擇，只能想像、推理、評估，那兒是主觀的樂園。我對某件事的個人看法就跟你的一樣，可以一針見血也可以天花亂墜。在避難所裡，沒有哪件事可以動不動就被拿去跟人比較。

但那些好日子不會再回來了，我的朋友。原本不能比的，現在都可以了。一切的一切都可以被化約為一個數字跟一把尺。

你有納悶過自己是太胖或太瘦嗎？BMI（身體質量指數）會為你解惑；你想知道自己正不正、帥不帥嗎？自拍照片旁的按讚數或Tinder上的滑動次數會讓你沒辦法自欺欺人；你的財務責任感是高是低？你可以去查詢自己的信用評等；你的鄰居假期比你高檔嗎？旅遊網站Tripadvisor上有飯店的星星數。

很自然地，為我們編纂這些生活數據的業者已經慢慢意識到數據會帶來的負面心理效應。臉書問世的頭五年，上頭是沒辦法按讚的；但自從可以之後，那個小按鍵便對臉書等社群媒體的普及跟商機產生了深遠的影響。

隨著研究顯示，社群媒體上的按讚數等量化數值影響了若干負面的心理效應，這些網路業者也開始承受要「有所作為」的壓力。二〇一九年，Instagram（如今也屬於臉書母公司一員）測試了一種變革，那就是用戶可以給別人貼出的照片或影片按讚，但沒辦法看到他們按讚的內容得到多少讚，或是有多少人觀看。這個測試的第一站是加拿大，後來拓展到另外六個國家，「我們這麼做，是希望你的追蹤者可以專注在你分享的照片跟影片上，而不要去在意那些照片跟影片得到多少讚。」Instagram的企業代表表示。但很顯然這對業者造成了一個挑戰：其服務的吸引力會不如以往，成癮性也會下降，由此每天點擊進入app的人次也減少了。在此變革公開後，用戶的直接反應也極為負面，許多人覺得Instagram導入了一種「顧人怨」的改變。測試的結果與結論我們尚不可知，而目前Instagram用戶也還是可以看到影片的按讚數與下載觀看數。

我女兒跟我說所有人（真假？）在Instagram上都有finsta，意思是fake Insta，假的Insta，也就是所謂的「分身」——個人「官方」帳號以外的小號。有些人開分身的目的是分享一些不那麼完美或沒有修過的照片給他們非常親近的友人，但大多數人開分身是為了幫自己的貼文按讚，「沒有人會嫌按讚數太多。」我問那是不是為了面子，她聳了聳肩說，「也沒有，就是圖個爽。」這讓我想到我在Instagram初出茅廬時在美國學到的一個英文單字：instacurity。這個字結合了insta跟insecurity（缺乏安全感），它指的是人剛貼完文，但按讚數沒有馬上湧上來的焦慮感。

麥可

3-4 被稱斤論兩的自我

身邊的數字會影響自信跟感受，這點已經無庸置疑。但它也會影響我們的身分認同跟興趣嗎？

只要有在工作的人，無論是在私人企業上班還是當公務員，都知道一件事情，那就是用來測量你的數字會變得重要起來，甚至常常重要過頭了。無論你今天測量的是顧客的滿意度、營運的獲利性、還是銷售的業績，這些數字都潛入你的腦中，影響你的行事動機、選擇與優先順序。我們身為兩所北歐經濟學院教授，一天到晚都得被品頭論足，而且品評的角度還五花八門：教學評價、在媒體中被提及的次數、科學論文發表在期刊上的篇數、論文與期刊的「影響因子」、論文被引用的次數、在Google Scholar資料庫上的h指數（有h篇至少被引用h次以上的文章）、或在「研究之門」（ResearchGate，號稱學術版臉書）上的得分，乃至於幾十種其他的評測參數，而這只是因為這些數字一目瞭然、方便比較，而且「理論上」很客觀，所以它就擅自重要起來了——雇主看重它、同事看重它、我們也很愛用它來自我檢討跟評價。

但數字可不只存在於工作上。迅速看一眼你裝在手機上的小程式，然後想想那些app在餵食你與提醒你哪些數字。按照你的興趣與個性，你會收到的數字遍布於生活的方方面面。你會被餵食如何理財的資訊：銀行帳戶、貸款、信用、退休金、基金、股票；此外你還會收到關於健康的資訊：走路步數、里程數、脈搏、平均走速，還有海拔的升高幅度；你會從社群媒體收到各種數字：觀看次數、按讚數、追蹤人數、分享次數、點擊次數；還有你會收到東一個西一個的會員點數資訊。你在糖果傳奇（Candy Crush）跟卡通農場（Hay Day）等手機遊戲上的等級，你在健身房的能量消耗，你在Tripadvisor、Airbnb跟Uber服務上是什麼等級的顧客，乃至於一長串從你雇主、app跟感測器上傳來的其他數字。

因為這些數字「看起來」客觀、真實、具體、清晰、普世，而且好比較，所以它變得重要，並影響了你聚焦的事物、認為優先的選項、還有你看待自己的眼光。

「你是個真正的旅行家，」斯堪地那維亞航空的app這麼灌我迷湯。它的鐵證如山：二〇〇三年以來我累計環遊世界6.7趟，滯空時間504個小時。我會員帳戶上的EuroBonus點數有213,726點。

或許只是亮出數字，並不能讓我覺得自己是什麼貨真價實的全球型旅人，但只要我打開程式的次數愈來愈多，我就會不斷地接受耳濡目染，慢慢將那些數字融入到我的自我形象。所以，沒錯，我就是個到處趴趴走的全球旅人，是個名符其實的旅行家。那就是我。

海里格

你智慧型手機上的數字，跟它們所代表的的意義，會在不知不覺中左右你的自我認同。那些陰險的數字有種自我強化的效果：要是你突然在推特上得到很多分享，你就會覺得自己儼然是個喊水會結凍的意見領袖，不免俗地發表愈來愈多文章；要是運動照片得到很多個讚，你這類照片也會愈發愈多，運動對你的重要性也愈來愈大，你在Instagram上的貼文也愈來愈以運動為主。因為按讚數會讓你體內湧出多巴胺，強化你的自我形象，而這些照片、活動、運動用的行頭對你也會愈重要。

倘若一切可以測量的東西在你的自我認同裡益發重要、如果數字會嚴重影響你的自信與自我形象，或許你就到了該注意一下自己平日是如何處理數字的時候了。

下面是五種可以當作數字疫苗的小建議，供你進行自我形象的管理：

1. 要留心數字跟金錢的眾多相似之處，它們都會讓你變得更愛算計、更自我中心、更目中無人，而那不會是你希望看到的自己，是吧？
2. 記住數字不分高低都可以摧毀你的自我形象。數字低會打擊你的自信，數字高會讓你得意忘形。
3. 數字，特別是社群媒體上的數字會讓人上癮。時不時要戒毒一下！
4. 記住生活的經驗都是中性的。任何的兩次跑步、兩段假期、兩頓聚餐，都是沒辦法比較的。
5. 不要讓數字決定你是誰。螢幕上那些會讓你忘了自己是誰跟想要做些什麼的數字，請你把它移除。

我們希望靠著這些訣竅，你可以更輕鬆地做自己，並且感覺做自己是一件好事情，不要去管數字都是怎麼跟你說的。

Chapter

4

數字讓表現更好嗎

二〇一〇年十二月，企業天使投資人兼保健魔人提摩西・費里斯（Timothy Ferriss）臉上帶著清新的燦笑，驕傲地介紹了他的第四本新書《身體調校聖經》（*The 4-Hour Body*）。這本書的副書名不知道你敢不敢信，但上頭寫說這本書可以帶著你「快速減脂、通往超狂性愛，變身為超人」。很快地，這本書一口氣爬上了《紐約時報》（*The New York Times*）的暢銷榜，並啟發了一整個世代的自我精進迷，以著新祕訣跟新方法來過上更好的生活。費里斯讓讀者看到了如何透過體重、健康指標、睡眠模式與種種數據的精準監控，達成更好的體能表現，並像費里斯本人一樣逐步變身為超人。這些祕訣包括如何一天只睡兩小時，如何達成十五分鐘的性高潮（女性專用），如何讓減脂量提升至少百分之三百，如何讓血液中的睪固酮含量變成原本的三倍，還有如何修復永久性的身體傷害。

費里斯能富到流油，是靠錄 Podcast、出書、替 Uber、臉書、電子商務公司 Shopify 與阿里巴巴擔任顧問所累積出來的。他熱中於透過自我監控來自我提升，也是「量化自我」（Quantified Self）運動的中流砥柱。費里斯不僅記錄他睡眠過程中的心率波動，同時還以手術植入了血糖計到他的胃裡來即時掌握血中葡萄糖濃度。此外，他做了大腿切片來測量酵素與肌肉纖維。他生活中的手機程式、感測器、監控設備之多，會讓美國太空總署感覺自己像名摩登原始人。

費里斯稱這是科學化的自我實驗，但其他人可能只會覺得這是在鑽牛角尖中的牛角尖，是自戀到一個極致的表現。但就算費里斯是這樣的人，他也絕非單獨的特例。研究顯示幾乎現代人有近半數會記錄自身一或多個健康數據。Fitbit運動手環、蘋果手錶，乃至於各式各樣的感測器都已經突破天際。「量化自我運動」成員如今遍布三十四個以上的國家，分屬一百多個地區分會，其中比較大型的聚點在舊金山、紐約、倫敦、波士頓，該運動甚至還衍生出一個「量化寶貝」（Quantfied Baby）分支運動，其成員使用各式感測器與軟體蒐集自家寶貝的日常活動與健康數據。

如我們所知，人類對數字與自身數據的著迷並不是什麼新現象，自我量化也不是，畢達哥拉斯早在兩千六百多年前就這麼幹過了。我們可能自歷史伊始就對自身的數據產生衝動，比說班傑明・富蘭克林（Benjamin Franklin）要是活在今天，他理應會是個勤於更新的生活型部落客，追蹤者粗估幾十萬人，然後他會有自己的Podcast節目。除了作為美國的開國元勛、音樂家、作家與避雷針等許多發明的創始人以外，富蘭克林還寫了一本鉅細靡遺的日記，裡面滿是關於自己與周遭生活中的數字。日記與數字是他用來三省吾身跟自我提升的基礎，並專注在十三種他逐日追尋與監測的美德。「量化自我運動」認班傑明・富蘭克林為老祖宗，在對自我量化有種執著的人經營的網站上，你會看到富蘭克林的名言說著生產效率要怎麼提升，一天二十四小時又要如何分配給不同事件與工作任務。米歇爾・傅柯（Michel Foucault）作為一名強調充分的自知是人得以發展與進步的哲學家，也被認為是隱身在自我量化運動背後運動意識形態框架中的重要成員。

4-1 更瘦、更健康、更快，真的嗎

時至今日，只要有錢就買得到的智慧手錶、智慧手機與無數日常記錄用的小程式，讓我們已經可以進行班傑明・富蘭克林夢寐以求的自我量化。個人日誌式的自我記錄已

經成為一種日常的休閒，相關的著作與網站所在多有，應運而生的手機app更是數以百計。我們記錄並追蹤自己的狀態，追求更纖細、更健康、更幸福，是為了能跑得更快跟擁有更好的運動成績。全體美國人有逾四成認為自我監控可以提升他們的運動能力，並減少身上的脂肪。所以一個自然而然的問題就是，此話當真？我們真的有因為這種不間斷的自我監控與數字蒐集而變得更瘦、更健康與更幸福嗎？

研究結果似乎有點一半一半。在觀察以智慧手錶、計步器等各種裝置進行的健康數據行為後，（總數不多的）控制組其個人健康與運動表現——包括減重成果，或是我們的運動頻率、強度與成績——確實發現有統計意義但相對不強的正面效應。這表示若我們使用Fitbit運動手環、蘋果手錶或其他的手段來記錄我們的健康狀態或運動成績，那麼我們就能跑得快一點、肥減多一點、運動成績更優一點——但也就是一點而已。此外，人與人之間的個別差異也不可謂不大。有些作法在某人身上有效，但不會在每個人身上都有效；再者就是有跡象顯示相關的效果就算有，可能也只是短期現象，不可能長此以往。

杜克大學學者喬登・艾特金（Jordan Etkin）進行了一系列有趣的研究來處理自我量

化、運動表現跟動機的議題。在其中一個研究中，她讓人從事各種正面的活動，像是運動或閱讀書本，其中半數受試者被以量化的方式告知他們的表現結果（他們走了多遠，或看了多少頁書），而其餘受試者則沒有。事後她測量了全體受試者的表現、動機與幸福程度，同時還追蹤受試者在實驗告一段落後是否選擇持續運動跟閱讀。結果你知道她發現了什麼嗎？嗯，就跟許多其他研究一樣，確實這種自我監測跟行為量化的作法可以讓我們的成績好看一點——事後能拿到量化成績單的受試者會走得快一點、久一點，書也可以多讀個幾頁；但他們走路跟閱讀的內在動機會下降，實驗結束後持之以恆的程度也比較不理想。自我量化意味著時間拉長，受試者對活動的青睞程度會降低，從事活動的時間也會減少。比起從事活動一模一樣但什麼都不去量的人，那些記錄自身表現的人也會在生活滿意度與幸福感的得分上偏低，而且無論這些受試者是被艾特金逼著去自我量化、還是他們出於自願這麼做，結果都不會有所改變。

為什麼會出現這種情形？測量的過程會迫使我們耗費更多精神去注意自己在量些什麼：如果你量的是走路步數，那你就會變得更注重走路；如果你數的是閱讀的頁數，你就會變得更注重自己的看書進度。甚至就算你想要走遠一點或快一點的念頭不外顯，我們都已經從研究中獲悉測量本身就會有讓人運動數據提高的效應。一旦你測量起慢跑時的心率、速度、距離，假以時日你就會慢慢專注在這些數字上，並同時忘了你一開始想慢跑的初衷。當你把測量跟外在動機當成重點的一瞬間，原本有益身心的活動就失去了趣味，同一件事你做起來就更是因為它有用，而不是因為它好玩。假設你喜歡慢跑的初衷是新鮮的空氣、好聽的音樂、或是大自然的體驗，那這些就是你的內在動機，而測量會讓這些內在動機慢慢被成績、用處等跟Fitbit運動手環或Strava運動app等一起裝在你身上的外在動機給取代。很多以兒童為觀察對象的研究佐證了這一點。比方說學前的孩子若被告知他們應該吃胡蘿蔔，因為吃胡蘿蔔可以讓他們更會數數兒，結果就是他們會更加覺得胡蘿蔔噁心，反而吃得比一般孩子更少。獎勵孩子畫畫，孩子就會覺得畫畫很無聊。用外在動機取代內在動機的後果就是讓一項活動變得不吸引人，也不好玩：吃胡蘿蔔變得討厭，慢跑變成解任務，閱讀變成壓力。

挪威人托比恩・霍斯馬克・波爾吉（Torbjorn Hostmark Borge）的例子可以證實自我

量化的副作用。波爾吉喜歡運動，並開始並使用軟體Strava來記錄，之後，他表示很後悔這麼做。「我注意到自己每次打開計數器，人就會失心瘋，」他在二〇二〇年九月接受挪威《卑爾根時報》（*Bergens Tidende*）訪問時說。「你會長期抱有要突破自我的壓力，搞得我每天都活在陰影下，能量跟專注力消耗很大。」最終他的Strava成癮症使他一天硬是跑超過四萬步，久而久之造成了橫紋肌溶解症（肌肉細胞大量壞死）。「一開始我是兩萬步起跳，然後突然之間我變成非三萬五千步不可，最後就是天天四萬步。」跑步帶給波爾吉的樂趣還有他的身體，但結果都毀在外部動機跟計步器的手裡。

人類常用外部動機來促使他人努力：家長會用冰淇淋跟巧克力鼓勵孩子，企業會用薪水跟紅利激勵員工，這麼做偶爾會有效果，至少短期內可以這麼說；但如我們所見，外在動機會三兩下就消磨掉我們的內在動機，如果你收錢去做一件你喜歡的事情，那你就得冒著變成一種負擔的風險。

所以說，艾特金的研究讓人想起所有處理金錢與動機的研究。然而在此處，外在動機並不是錢，而是步「數」、按讚「數」、頁「數」。我們知道重賞之下有勇夫，但那並不表示身為勇夫的你不會厭倦你領錢去從事的活動，因為時間久了，你會把你付出的經歷與領到的報酬連上等號，此時你的內在動機就已經不在等式裡頭了。同樣地，你選擇產出那些關於自己的數字——平均走速、步數、按讚數、紅利點數——都會逐漸削弱你的內在動機。

4-2 你的數據在誰手中

如果你正好是名醫師、土木工程師、稽核，或許多熱中於記錄自身健康數據或運動表現的其中一個人，那或許你會覺得這本書此前的段落都太負能量，也太抹黑「數據」了。你不過就是偶爾在這裡跟那裡稍微記錄一下，結果被這本書講得那麼糟糕。你是買了一只Fitbit運動手環沒錯，但你很清楚誰是誰的主人，一切都在你的控制之中。你跑步時會帶著微笑，而且你發自內心滿意自己的數據。

此外，也許你記錄下的數字對你的身體保健是有意義的。如果你有體重過重或高血壓的問題，那記錄你身體的幾種資訊流就是你該做的事情，這是有正面意義的；甚至如果你有糖尿病，那掌握血糖高低更是性命交關，而且也不麻煩，現代科技讓你用皮下的小感測器就做得到這件事情，還很有效率。評估與身體保健有關的數據與數字，有其令人不可置信的效益，甚至對某些人而言，有些數據還有不可或缺的必要性——不信你可以去問雨果・坎伯斯（Hugo Campos），他的故事曾出現在史丹福大學醫學院裡的X新藥計畫裡。

終其一生，雨果・坎伯斯都覺得自己的心臟跳得不太對勁，他會心悸、心跳也會漏掉一拍（不是心動那種）。應該是咖啡喝多了，他心想，要不然就是熬夜的關係。二〇〇四年的一天早上，他跑步去趕地鐵，但半路突然噁心反胃，然後就昏過去了。經過一番檢查後，史丹福的醫師確定他患有肥厚型心肌症，這是一種會造成患者心臟腔壁變厚的嚴重心臟病變。三年後的二〇〇七年，一只去顫器經過外科手術被植入了他的體內，用以監控他的心跳節奏。所有來自去顫器的數據都會串流入原廠製造商Medtronic處，再由廠商將數據傳送給主治醫師。一輩子都活在心律不整中的坎伯斯很期待能從去顫器蒐集到的數據裡找出自己心病的癥結。但在二〇一二年，坎伯斯失去了保險，也因此斷絕了與醫師跟心臟數據的聯繫。這麼一來他只好自立自強，他去eBay上找到了一款可以重新設定去顫器的裝置，然後扮演起了心臟駭客，試著駭進自己體內的去顫器。為了增進對體內去顫器的了解，他甚至跑了一趟殯儀館，那兒有賣要從火化遺體上取下的舊去顫器。不過此舉還是踢到了鐵板，去顫器的廠商在二〇一一年之後對數據安全性變得比較敏感，原因是那年有名學者在會議現場直接駭進去顫器，接著在講台上即時控制。

自二〇〇七年以來，坎伯斯就致力於推動法規與科技公司的改變，他希望病人可以取得自己的健康數據；但在二〇一二年，也就是他動完手術的十五年後，坎伯斯還是沒能取得他價值三萬美元的去顫器所蒐集並上傳到雲端的心臟與身體數據。

坎伯斯覺得要是他能取得去顫器的數據，那就能將之連結到他Fitbit運動手環的資料上，也連結到他生活裡的各種活動上，然後藉此判讀出他的心跳是如何受到咖啡、酒精、特定藥物與各式運動的影響。他認為比起每隔一陣子才就醫、且本身不需要天天與疾病共處的醫生，體內有去顫器的他更具備條件去記錄資料跟進行實驗。就像糖尿病等需要監控病情的患者一樣，坎伯斯認為取得他自己的保健資料是他的權利，他認為這是一個很重要的原則問題。

這裡有一個很大的弔詭之處。那種短多長空（短期可以提升表現，但長期會讓我們失去內在動機）的健康數據我們一抓一大把，但這種重則可以救命、輕則可以改善生活品質，讓坎伯斯這樣的人受益的健康數據，我們卻不得其門而入，只能眼巴巴地看著自己的資料被掐在藥廠與科技公司手裡。

4-3 老大哥正在掌控你

你有沒有想過誰真正握有你的健康數據？Google在二〇一九年宣布要以二十一億美元買下Fitbit時，好幾名資訊科技專家與素人消費者便停止使用他們的裝置，他們認為Google已經知道太多個人資訊了，不想讓Google取得有關他們睡眠模式、運動習慣、生理健康的資料。慢慢地，愈來愈多人對健康數據的大型交易提出了質疑，因此在二〇二〇年八月，歐盟執行委員會（European Commission）宣布將針對這項交易案跟Google對民眾健康資料的掌握展開全面性的審查。Fitbit已經售出了超過一億組這類資料，並且有兩千八百萬名活躍用戶，你可以想像那裡頭有多少趟慢跑、多少下心跳、多少筆位置的數據。Google辯稱透過對Fitbit的收購，再輔以人工智慧更高程度的介入，人類將可以獲得質與量都有所提升的保健數據，以增加對自我的認識、提高自我覺察，進而提升生活品質。這是未來的趨勢，靠著在身體內外、手機上、床上、職場、家中、車內愈來愈多的感測器，我們在方方面面的表現都可以展現（只有一點點的）成長。

數字、測量與比較可以讓我們變成更好、更快、更有效率，這種觀念已經不只是個人的認知，也滲透跟瀰漫到群體的各個層面，包括我們任職公司的獎勵系統與關鍵比例、學生在學校裡的成績體系、育兒中心的標準化作法與測量標準，還有醫療體系的內在定價系統。

由於我們認為數字是一種精確、普世、永恆跟可比較的存在，因此我們認為根據數字形成的決定與體系是客觀且透明的。當然，這些都是子虛烏有的事，但和其他選擇相

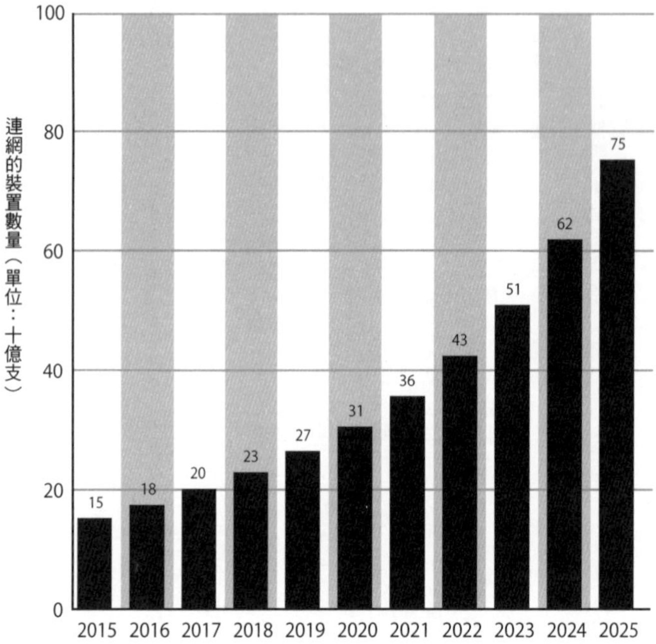

比，顯然我們只能兩害相權取其輕——不比數字，我們還能拿什麼來比？

有趣的是，在像瑞典與挪威這樣的國家裡，居民似乎並不那麼相信數字跟測量可以讓我們表現變好。瑞典跟挪威都是有著高度信任感的國家，這包括公民之間存在著信任感、還有公民與公部門之間也存在著信任。在這些國家，公共與政治體系中的數字所扮演的角色比較小；反之，在那些公民內部與公私部門間信任感較欠缺的國家，同一類數字所扮演的角色會大上許多。譬如在美國，民眾普遍不信任公部門，那是美國社會自一九六〇年代以來就傳承至今的文化。而那造成了什麼結果？從學校到警局，數字與測量系統都取代了主觀的評量與以經驗為基礎的決定，事情變得毫無彈性，但也不見得多有效率，畢竟「電腦說了不行」。

但即便是在專制政體裡，數字可以強化表現都是一種堅定的信仰。中國的「社會信用體系」或許就是一個最極端的例子。這個二〇二〇年推出的系統內含有一系列資料庫與監控系統，可以評估個人、企業、組織是否值得「信賴」。每個個人都會得到一個分數，高分者有獎勵，低分者要接受懲罰，包括你可能會因為低分而在教育跟旅行上受限，可能得使用比較慢的寬頻上網，或者用較高的利率才辦得了貸款。如同中國總理李克強在二〇一八年的演講中解釋，「那些失信之人（也就是低分之人）會在社會上寸步難行。」至於那些促進公民表現良好的「紅蘿蔔」則全是你可以用高分換來的好處，包括優先的醫療、打折的稅率，還有優惠的理財條件與信用額度。評分資料可能取自傳統來源如犯罪紀錄、公家機關，或是財務紀錄，乃至於線上融資平台等第三方機構。中國政府

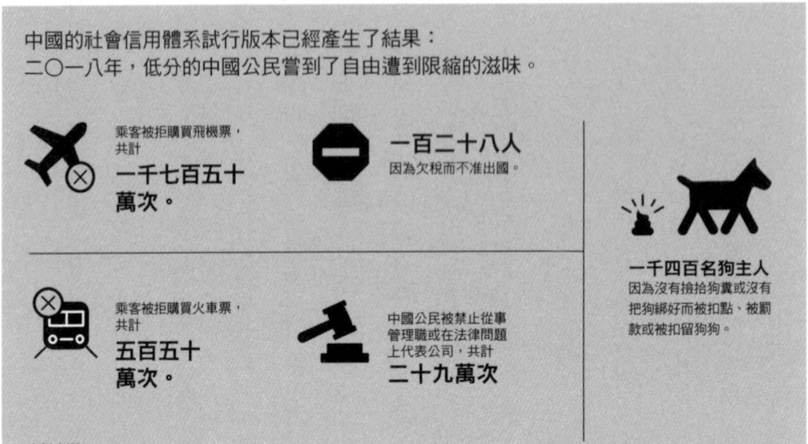
中國的社會信用體系試行版本已經產生了結果：
二〇一八年，低分的中國公民嘗到了自由遭到限縮的滋味。
乘客被拒購買飛機票，共計
一千七百五十萬次。
一百二十八人
因為欠稅而不准出國。
一千四百名狗主人
因為沒有撿拾狗糞或沒有把狗綁好而被扣點、被罰款或被扣留狗狗。
乘客被拒購買火車票，共計
五百五十萬次。
中國公民被禁止從事管理職或在法律問題上代表公司，共計
二十九萬次
資料來源：Visualcapitalist.com

同時也實驗性地開始利用視訊與網路監控來從事自動化的資料擷取。

數字被認為可以強化表現、甚至可以帶給人紀律的觀念，因此在多數文化中都占據核心的地位，這點無論你人在美國、挪威或中國都不會改變。全世界的人類與社會都受到數字流行病的影響（或許除了亞馬遜流域的蒙杜魯庫族跟皮拉罕族這兩個族群例外），都認為我們可以透過數字去監控、模擬、提供動機，還有拉高各種表現的成績。

4-4 量化的副作用

社會、企業、組織都需要透過測量與量化才能運作下去，這點不難理解，但一個有趣的問題是：在哪個點上，測量與量化會開始失效？從哪個點開始，數字會從小幫手變成拖油瓶？

幾名學者試圖探索這個問題，包括他們細究了企業對於測量系統與獎金分紅的運用。這些學者發現紅利獎金的正面效應偏小而且偏短，甚至有產生反效果的可能，他們的研究結果清晰地呼應了喬丹・艾特金對於自我量化的研究：外在動機隨著時間過去會壓抑內在動機，甚至會掏空紅利獎金本身的意義與效應。

我們不需要浪費很多力氣，也能指出好幾種其他的——嗯，該怎麼說呢——「非故意的副作用」存在於測量與量化之中。無論你是主動測量跟監控自己，還是由他人對你進行量化跟測量，這點都是成立的。艾特金已經很巧妙地揭示了即便自我量化可以造成短期的表現進步，測量的舉動也會在短時間內扼殺掉內在動機跟繼續穩定輸出的意志力。

量化與測量另外一個有目共睹的副作用是會讓人變得極度自我中心，特定案例裡甚至會達到自戀的境地。本章一開始提到的提摩西・費里斯，就完全可以當作良好範例。

第三個非故意的副作用是人會去迎合那些可以被測量的東西。如果你的app計算不了某種運動的消耗熱量或運動步數，那你就會直接割捨該項運動，否則app的計算就會出錯或不完整。在企業與組織中，一個廣為人知關乎獎勵系統與業績目標的問題是：員工開心地調整行事的優先順序以適應企業的評鑑，然後擱置那些企業不太評鑑、但往往很重要的事情。

作為一個相關的副作用，測量會導致作弊跟自欺欺人，各種亂象包括了以甩手機的方式來給手機app裡的步數灌水、把番茄醬列為蔬菜來計算熱量（畢竟番茄醬的主要原料確實是番茄）。另外一個非常常見的測量副作用是人會在該要質疑數字的正確性或精準性時，依舊依賴這些數字，這會導致原本應該促進表現提升的數字，變成了扯後腿的東西。比方說，如果你的睡眠app數據顯示你睡得不好，你的內心就會受到影響，在白天陷入負面的情緒而有損於表現——即便睡眠app測量錯了，真正的你睡得像根木頭一樣。

最後一個非故意的測量副作用，是你會過度專注於改善你自身的選擇以符合測量指標。習慣用app確認你的體重與熱量攝取，你將冒的風險是你會節食過度，把生活中的樂趣也隨著熱量給一起「節」掉了。

所以我們從這當中可以擷取出哪些堪稱數字疫苗的智慧呢？

1. 偶爾把測量裝置放到一旁，除非你是菁英運動員或有醫療上的理由非得使用不可。
2. 謹記內在動機可以把外在動機當成早餐吃。為了變瘦而去吃胡蘿蔔，只會讓胡蘿蔔變得比平日更難吃。
3. 測量可能導致動機變低與自欺欺人。對自己要誠實。
4. 謹記雨果・坎伯斯跟去顫器的故事。你的數據屬於你自己的，不要連能換回什麼都不確定就把它們輕易交給Fitbit、Google或其他公司。
5. 謹記數字與測量的強大「非故意副作用」。

關於數字會如何左右你的行為，我們可還沒講完，因為數字不僅會影響你的行為動機跟表現成績，它也會影響你對各種經驗與學習的體驗。

Chapter

5

數字改變經驗

幾年前我在邁阿密海灘一場大型ＩＴ（Information Technology）會議上擔任壓軸講者。會場位於一處我自費永遠住不起的豪華飯店裡，但因為有幸與會的關係，我們一家人得以提前一周免費入住，而那感覺就像飄到了雲端上。飯店裡應有盡有：歷史感、知名的貴賓、絕佳的氛圍、無懈可擊的環境！我記得當時我最期待的就是能回去跟親朋好友炫耀一番。

但等我退房等車前往機場時，我的手機發出了叮的一聲：「請您為這次的住宿體驗幫我們評分。」我被要求針對從房間到餐點、服務、整潔度、靜謐性還有整體環境一一打分數，全都是最低一分最高十分。即便整體住宿非常棒，但我對整潔這一項實在只能給個七分，不能再高了，理由是棕櫚樹葉被海風一吹，在泳池邊掉得東一片西一片；靜謐性也讓我有點為難，主要是晚上有現場演出的時候還挺吵的。全部填完後，我得出了一個整體算是中等評價的八分。

所以就是這樣了，我用八分總結這次絕佳的住宿體驗，然後突然之間，這次的住宿好像就沒了原本的魔力。等我回到家，親友問起會議如何，我回答說還不錯，

「我住了一間八分的飯店。」沒有談及任何體驗細節，因為八分的飯店也沒什麼好說的不是嗎？評分濃縮了我的飯店體驗，從一個原本是我迫不及待想跟親友分享的美事、一次璀璨到我不知道該用何種言語去描述的體驗（照理講還應該要有一點依依不捨揮手道別才對），被壓縮成了一個可憐兮兮的數字。

麥可

為什麼會發生這種事？

因為數字就會如此。它會把東西濃縮、壓扁，把事物的層次與豐富性裁剪成一種簡單而精確的存在。人的經驗都是一道光譜，但數字非黑即白（數字甚至在大腦裡有專責的神經元）。

人類的經驗建構在很多不同的印象上，這些印象基於多種官能：我們會摸、會聽、會看、會聞、會嘗，所有官能印象的組合讓特定的經驗變得獨一無二。經驗的精彩之處也就在這兒。但這同時意味著經驗難以翻譯跟解釋，即便對我們自己來說也不例外。同時，「體驗」會受到各種你想像得到的事物影響，包括我們認為自己「應該要感受到什麼」的預期心理。就以痛來舉例好了，痛自然不是什麼很愉快的經驗，但它總歸是個生理經驗，我們可以只因為我們「相信自己在痛」而感覺到「痛」嗎？二十五年前有一名建築工人發生墜落意外，一隻腳直直落在一根突出板上長達十五公分的釘子上，工人的靴子被釘子刺穿，讓他痛苦哀嚎。他痛到醫生想都沒想便開了最強的（也最危險的）止痛藥吩坦尼給他。要知道吩坦尼的藥效可以達到嗎啡的一百倍，很多人對其存有毒癮。但等醫護人員終於把工人的靴子取下，他們發現釘子擠在兩隻腳趾之間，工人基本上毫髮無傷。這個案例如此特別，以至於被寫進了《英國醫學期刊》（*British Medical Journal*）的一篇文章裡。這種事情也可以倒過來發生：我們能在應該感受到痛的時候覺得還好，只因我們以為自己沒出什麼事情。我們的經驗不僅高度個人化，而且這些經驗會因為周遭所發生的事情、我們的感受、我們相信什麼跟看到什麼，也因為種種你能想得到的環境因素而被添加了色彩。某甲的經驗幾乎不可能以任何精準的方式，與某乙的另外一個經驗相提並論。

這件事在某種程度上說明了何以病人在檢傷時對痛覺的表述如此主觀，並且會以文字（口語評分）或數字表達痛苦的程度。有趣的是，好幾份研究都同時得出了兩個結論：首先，這些文字與數字的表達程度對不太起來，比方說某甲喊痛喊得比某乙大聲，但某乙的給出的痛覺評分卻高於某甲；第二，不同病人對痛覺的表達差異是用文字表述時比較大，用數字表述時比較小。基於文字的痛覺表述會反映各式各樣的語言風格，有的人措辭很內斂，有的人講話很誇張；但如果是基於數字的表述，那很痛跟普通痛大概都會集中在一到十中間的那幾個數字。

5-1 愈來愈不幸福

數字對痛覺所做的事情，就跟它對麥可的飯店住宿經驗所做的事情一模一樣：數字化約了人類的經驗。很顯然，把痛覺經驗加以化約可以是好事一樁，但此處的重點是，數字甚至會影響到我們的醫療過程與狀態。

更糟的是，如果你喜歡看電影的話，數字也會化約我們的觀影體驗。一部電影可以提供我們很多東西——笑料、張力、反轉與幾滴眼淚——時間長達一到兩個小時，但當我們在事後評分時，這許多的印象都會被無條件進位成一個小小的數字，通常在一到五之間。而讓人不快的是：當人們以數字為電影評分，數字的趨勢會往下走。美國學者會發現這種模式，是因為他們分析了Netflix上的幾十萬筆電影評價：他們發現每當觀眾要評價新電影時，出現高分的機率愈來愈低。一如用來表述痛覺的數字，電影評分也會朝著中間的數字聚攏。

尤有甚者，數字也會化約我們的幸福體驗。麥可發現這一點，是因為他請來一千位受試者，讓他們針對工作、閒暇時間、健康與愛情等各個人生範疇中的主觀幸福程度進行評分，為期數周。而隨著時間過去，受試者的平均幸福評分也愈來愈低，各範疇無一例外。數字會從所有經驗中帶走那些令其變得豐富與獨特的元素，會讓我們覺得所有的經驗都有著統一的規格跟可比性。我們愈是將不同的經驗拿出來比較（我們不知不覺地為每次經驗打分數時，就是在做這件事情），個別的經驗就愈難在我們的腦海中跳出來，成為獨一無二的存在，也愈難從我們的手中拿到高分。長此以往，我們給予愉快經驗的基準點就會有所遷徙，一年之前可以拿到四分的體驗，現在會變成三分。而由於數字是死的（三明顯小於四），所以原本愉快的體驗就會淪落至不再愉快了。

數字會把我們從徜徉於自身體驗的好奇寶寶，改造成絕對客觀且用精準數字論斷一切（也比較一切）的第三方專家。而這些存在於我們內心的專家會愈來愈權傾一時，這是因為有愈來愈多的數字悄悄潛進了我們的經驗裡。我們愈常被要求針對各式各樣的體驗評分：住飯店要評分、看電影跟上館子要評分、看醫生要評分、聽演講要評分（身為因此留下陰影的講者，我們之後會再繞回來講我們的創傷），甚至於連去上洗手間都要評分。

我們內心的專家不僅控制我們自己的經驗，還想連別人的經驗也一起納入版圖。這裡指得是我們給予飯店、電影、洗手間等各種標的物的評分常會被轉為數字，然後被納入對全社會開放的評價：「這間飯店在其他住客間的平均得分是三點七。」其效應真的跟我們自行給分時一樣嗎？畢竟這是根據別人的經驗所得出的數字，不是我們自己的。

不幸的是，這個問題的答案是肯定的。我們實驗過了，而那個實驗是我們請好幾百人品嘗一款新的巧克力棒。瑞典一家大型巧克力廠商正要推出一個新口味，而我們正好有機會搶先嘗鮮。在我們的研究裡，半數的受測者在試吃前就知道其他人給新產品一個頗低的平均分數（滿分十分還拿不到五分），其餘的受試者則被告知其他人給了新產品一個頗高的分數（滿分十分遠高於五分），那之後他們會自己品嘗巧克力並打出一個分數。第一組人給了新巧克力遠低於第二組的分數，我們還請他們用語言形容，結果第一組人用較為溫和的說法像是「就還好」、「不特別」；第二組人則明顯傾向於使用「真的很棒」跟「太好吃了」等強烈的口氣。大家試吃的都是一樣的巧克力棒，但兩組人在試吃前看到的數字給了他們完全不同的體驗。

這種事情倒過來也能成立嗎？其他人的數字可以在我們已有既定印象後，追溯既往地影響我們、改變我們的體驗嗎？

為此我們也做了巧克力的實驗：一百個人試吃了新巧克力棒，而等他們吃完後，一半的人被告知其他人給了低於五的平均分數，另一半人則聽說其他人的平均分數高於五。結果跟第一個實驗一樣：看到低分的人自己也給了低分，並在文字的表述上比較溫和；看到高分者則在數字給分與文字評論上都較為大方跟積極。

也就是說，我們認為數字如此地精確，以至於不惜在事後修改印象去迎合它。

5-2 你原本喜歡這東西嗎

上述的現象能不能用來解釋我們何以對派對、旅行、晚餐等事物的體驗發在Instagram上時得到多少按讚數表現得如此敏感？Instagram照片下方的數字是不是在告訴我們那些體驗實際上究竟是好還是不好？我們大多數人都體會過某張照片按讚數不如預期而產生的失望感，還以為那麼美妙的經驗能得到更多共鳴才是。

我去聽了一場棒到不行的音樂會。那是個我不久前才發現的樂團，我很驚訝他們的現場好聽到那種程度，更驚訝他們帶給滿場歌迷的震撼力（我們瑞典人可不是以在公開場合善於表達情感著稱的）。那天晚上回到家，我Google了演唱會的評價。此舉本身就有點莫名其妙，畢竟我都在現場聽完了，好或不好我是最清楚的。但我大概是想要多陶醉在當晚的氣氛中一會兒，所以搜尋其他人的文字描述，或許能讓愉快的感覺延續更久。我點開Google上的第一條搜尋結果，那是一家知名小報進行的評論，讓我有點傻眼的是那篇評論一劈頭就給了演唱會三分（滿分五分），而雖然我並不認同酸民作者對樂團的表演、選歌，乃至於簡直每一件事的描述，但我還是無論如何都甩不掉腦中那個三分的評價。我發現自己開始覺得也許這場演唱會真的不如我想像中好成那樣。

麥可

講回Instagram。我們請了將近兩千人描述他們最新貼在社群媒體上的照片，並讓他們分別用文字跟數字給照片背後的體驗評分。聽到指示後，半數的人第一件事就是去查看那張照片有多少個按讚數，而另一半的人則是先完成了指示才去查看按讚數。你猜我們發現了什麼？受試者給自身體驗的評分跟照片得到的按讚數兩者是能對得起來的：照片的按讚愈數多，體驗的評分就愈高。我們猜這是因為在受試者的大腦深處，他們隱約記得那張照片的按讚數是多是少；因為大部分的紅心（Instagram上的讚是紅心造型）都出現在貼出照片的幾小時內，所以貼文的記憶跟按讚數的記憶應該是綁在一起的。但真正驚人的發現是，當受試者先去查看過按讚數後，體驗與按讚數的連結會增強；然後那許多顆紅心又會反過來推高體驗的評分，讓受試者用更強、更正面的話語來描述他們的體驗。

什麼「你不在現場啦」，最好是。

按讚數會影響體驗這件事之所以那麼奇怪，在於那些數字跟我們的實際體驗一點關係都沒有。你跟某個愛酸人的樂評去了同一場演唱會、你跟平均分數背後的那群無名氏去吃了同一家餐廳的同一種餐點，或至少待過同一個地點；但你在Instagram上得到的讚則來自根本不在現場、與你沒有過相同體驗，也不知道那件事實際上是什麼感覺的一群人。但即便如此，按讚數還是成為了你主觀體驗的一種框架。

這還不是最詭異的，更詭異的是你有可能讓這個數字決定你下一次打算「體驗」什麼，也讓它決定你打算「怎麼」去從事這項體驗。回到你Instagram的照片列中查看：一開始你可能是什麼亂七八糟的活動與體驗照片都往上貼，當中一定有某些按讚數會比較高。然後有可能、甚至應該說相當有可能，某種模式會探出頭來，你開始比較常貼一些你印象中曾經拿過很多按讚數的同類照片——也就在這種發展下，按讚數的多寡決定了你哪些經驗值得昭告天下，甚至決定了哪些事情值得變成你的經驗。

同理，你有沒有發現過自己曾經在餐廳點餐時，滿腦子想的不是哪一道菜可能好吃，而是哪一道菜拍起來最上相，最能在Instagram上狂掃一波紅心？有這種表現的人搞不好比我們想像得多，天曉得有多少人會不聽服務生的推薦（他們不清楚你的口味，而且他們在推薦東西時搞不好也是聽命行事，是吧？），甚至也不管同行的朋友給你什麼意見（我們吃東西的喜好又不一樣），只想著哪種牛排能從素昧平生且根本不在現場的網友手中拿到最多讚。

按讚數自然表現不出我們經驗中那些亂七八糟而且充滿主觀感受的東西，但就是那些亂七八糟跟充滿主觀的東西讓經驗變得獨一無二。當別人在用文字描述他們的經驗時，我們蠻容易覺得那只是他們個人的一次個別經驗；但當別人用數字來描述經驗時，我們卻會覺得那是超越個人的一種真理，是可以代表眾人感受的「絕對經驗」。這種情況之嚴重，以至於某本主打數字會騙人的科普書作者也曾經在幾年前發表過一場演講後惶惶不安，因為那段演講被發到了全世界，並且他本人自認表現滿分，但在經過主辦單位的評估後被認定只從與會的線上聽眾間拿到「區區」七分。他查看那些低分評論，結果幾乎全數都是在抱怨畫面跟聲軌不同步；換句話說，那些低分跟他作為講者的表現毫無關係。但這樣他就能釋懷了嗎？不，因為他固然可以不把技術問題造成的抱怨放在心上，但數字卻永遠留在了那裡。（希望匿名的）他至今都還是有點難為情、擔心有人會看到那個成績，以為他打著「頂級講者」的名號，其實是個假貨。事實上，即便到了今天，他都還會在寫到這個汙點數字時覺得自己就是個假貨。

若是任由他人的數字成為我們自身經驗的框架，我們又怎麼能不讓數字影響我們對於任何初次體驗的判斷？試問對於沒有看過的電影或沒有吃過的餐廳，我們要如何看著別人給的數字而保有主見？

你應該有過這樣的經驗：你很想去看一部電影，但在看到某個酸民留下的低分之後，你決定不去了。或許你不曾仔細讀過該酸民都寫了些什麼評論，也或許你讀了並決定那就是個酸民（畢竟我們分析過了，評久了大家都會變成酸民），但那個分數還是會讓你耿耿於懷；又或者，你會因為某家餐廳的低分太多而決定不去踩雷了？（「外場服務生對法國紅酒一問三不知，」某則評論說。話說你根本不懂法國紅酒，但那個低分就是非常滅火！）

你該選哪一間飯店？在評論區裡說房間很美早餐也很可口的那間？還是房間普普早餐也只是還行的那間？這看起來是個送分題，但要是你發現第一間的分數是三，而第二間的分數是五呢？說好的送分題好像又突然困難起來了。

我們就是忍不住要做實驗。我們讓一千名受試者瀏覽一家飯店的留言評論區，在其中一則評論裡，我們讓一名椿腳給出不冷不熱的評語（早餐還算合格，房間就一般水準），但卻突兀地給了最高的五分；在另外一則評語中，留言者則好話說盡（早餐很可口，房間很舒服），但給分卻只給了三分。雖說文字評論內包含了好與不好的豐富資訊，但一般人還是比較傾向於入住五分的那間，這代表他們受到數字的影響顯然大於受到文字的影響。

低分的勸退效果催生出一個令人不悅的現象：有人會故意用低分去搞破壞。餐廳、咖啡館、飯店、精品店等中小企業尤其經不起這樣的惡意，畢竟它們的評論母數大不到哪裡去，分數很容易就被拉低。

但大公司也難保不會落到這種所謂的「破壞性差評」的手裡，畢竟總是會有人因為單純的惡意給出低分。曾經有個頭條新聞是臉書關閉了一個群組，因為該群組的成立宗旨是要集結人去爛番茄上給漫威電影《黑豹》負評，好讓少一點人去看這個漫威電影宇宙裡第一個黑人英雄。迪士尼的好幾部電影也都曾經歷過類似的破壞性差評，有線電視新聞網CNN的手機app也曾因為發布對川普的負面新聞，而在二十四小時內被給了一堆一分評價。佛羅里達的豪華飯店博卡拉頓度假村（Boca Raton Resort）曾在短短幾小時內看著它的評分直直落，原來是有一名大咖YouTuber發動他的訂戶去圍剿飯店。

破壞性差評還創造了另一個額外的問題，那就是這些評分會影響以數字為基準的演算法，而那些演算法又會影響餐廳、飯店、商家出現在Google、Yelp、Tripadvisor等網站上的搜尋結果順序與評分排名高低。演算法跟人類如出一轍，參考的也是數字而非文字，所以分數太低的都會被篩選掉。

「數字不會說謊，」曾有句話是這麼說的。嗯，數字當然會說謊啦。下次你要去給某樣東西打分數、或是想參考別人給某樣東西的分數時，一定要記得這點。

同樣地，你給出的分數會影響其他人對同一個經驗的給分，反之亦然。因為所有人都傾向於覺得數字能反映現實，所以我們也同樣傾向於在給分上朝現有的平均分數靠攏，而忽略內心真正的想法（當然前提是我們得親身經歷過被評分的體驗！）。美國學者分析了著名影評網站Metacritic上的電影評分，以及亞馬遜上的書評給分，還有Yelp上的餐廳評比，結果他們發現如果有不滿意的人（可能是奧客或搞破壞的酸民）搶先給出評分，那後來的使用者就會傾向於落井下石；反之若搶先給分的是對作品感到滿意的觀眾或讀者，那這種書或電影被「追殺」的情況較低。人們似乎會把第一個看到的平均分數當成是框架，並多多少少進行模仿。此外，學者也比較了評論區的數字評分跟文字留言，結果發現這兩者之間似乎沒有多大的關連（且兩者對銷售數據的影響也完全不同）。

說回那間豪華飯店。在麥可住宿的隔年，我決定給那裡一次機會，主要是麥可對其讚不絕口，加上該飯店在Tripadvisor跟Booking.com上的評比都相當正面。平均評分8.1。位置分數8.6！舒適分數8.6！懷著興奮跟期待的心情，我帶著一家老小抵達了邁阿密海邊，受到了棕櫚樹、長灘跟豔陽的歡迎。我在Uber車裡查詢的第一樣東西（除了駕駛的分數以外），是飯店在Booking.com上登錄的地址。此時我發現飯店的平均評分掉了。原本的8.1變成了7.9！夢幻飯店就此跌落了神壇，一夜之間變成了一家爛飯店。經過一番拚命瀏覽，我查出了分數被拉下來的原因：泳池區的「Wi-Fi連線」得分掉到了6.7，室外供餐區的「划算程度」是7.6。

你覺得後續的情節會怎麼發展呢？沒錯，我把大部分的住宿時間都耗在兩件事情上，一件是為了Wi-Fi訊號很差而耿耿於懷，另一件是為了泳池區那完全不冰而且還要價一杯十七美元外加小費的白酒覺得很不划算；但同時間我的太太與小孩則欣喜若狂地在超美的泳池區跑來跑去，手裡拿著他們的鳳梨椰林風情雞尾酒，臉上掛著大大的笑意，幸福地渾然不覺飯店的分數在Booking.com與Tripadvisor上不斷破底。

海里格

5-3 誘發恐懼的能力

原本我們打算停在這裡，但當我們書寫到一半時，殺出了一個名叫COVID-19的程咬金。這場疫情讓每天的新聞都被塞滿了數字。COVID-19的感染人數是一種數字、病毒的各種變異裡含有數字、死亡病例又是另外一種數字，這些數字讓我們納悶與憂心，如果數字可以影響我們的體驗，包括痛覺與醫療相關（就如同我們在本章一開始所確立的那樣），那COVID-19的相關數字又會如何在與數字流行病「相遇」時，對人的感受產生影響？二〇二一年冬天，我們訪問了逾兩千名瑞典人，問他們覺得自己健不健康、測出陽性的風險有多高（感知到的風險）、還有他們擔不擔心自己感染COVID-19（焦慮程度）。其中的三分之一是問完馬上回答，另外的三分之一是先被告知了目前的感染人數，最後的三分之一則是先被告知目前的死亡人數。

平均而言，當場回答組認為他們感染COVID-19的機率是百分之三十（而有趣的是瑞典人平均染病的比率超過四成）；這個答案遠高於瑞典人實際在前一年遭到感染的比率，也就是百分之七，有可能是因為新聞用數字進行疲勞轟炸，他們模模糊糊地覺得疫情比實際上嚴重許多。

但先看到瑞典感染人數（七十萬人）的那組，認為染病的機率平均要高出十個百分點，來到百分之四十，且他們通報的焦慮程度也提升到了大致相同的程度。但事實上，染疫的瑞典人比率只有人口的百分之七（瑞典人都知道他們的總人口是一千萬人）。如我們稍早所認知的，人類無法阻止自己對數字產生直覺反應——而七十萬人當然不是一個

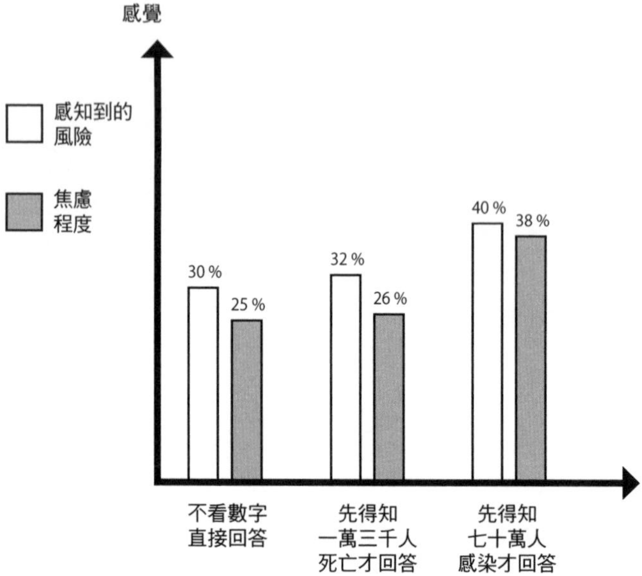

小數目，尤其不是一個大自然覺得我們應該要能掌握跟理解的數字。這也說明了何以另外三分之一的人在看到低很多的死亡人數（僅一萬三千人）後，會通報出較低的風險感知跟焦慮程度。當然，這組人的回答還是高於未受到任何數據影響的控制組。

人的風險評估與焦慮程度會在不同數字的影響下有所差異，這是因為染病感覺比死亡容易得多（人類會本能地不去田考死亡這件事）。出於這種考量，我們重做了一次實驗，這次我們改用百分比的形式來表達數據：感染率是百分之七，死亡率是百分之零點二。實驗結果呢？把七十萬改成七%，讓人的風險認知跟焦慮感都變低了，但其結果還是高於聽到死亡率是百分之零點二的那組。兩組的回答都仍高於不受任何數字影響的控制組。

很顯然，這證明了要讓自己不受數字影響有多困難。要知道即便是相對小的數字，都在具體性與誘發恐懼的能力上遠高於某種未經量化且可以輕鬆不當回事的感受，以至於不在少數的人都會受到影響。

這也可以解釋何以有壓力、憂鬱與心理健康缺陷的人數，會在疫情開始的頭一年走高，何以實際與感知到的孤立感增加了，或許也部分解釋了何以瑞典、挪威等國的政府始終覺得有必要開記者會跟制定政策。這些具體又偏高的數字讓人很難坐視不理。

而令人擔心的是，這些結論恐怕也指出社會整體的數字化——我們被各式各樣數字疲勞轟炸，可能對我們的幸福程度跟安全感都有著比想像中更大、更嚴重的衝擊；而這又很不幸地給了我們理由進一步深挖數字對人類經驗的影響，內容請期待後面的章節。

行文至此，我們想先稍稍提供一些數字疫苗來提醒大家，不要忘了數字對你的生活經驗會產生哪些影響：

1. 數字會化約你的人生體驗。但即便在最好的狀況下，數字也不過就是某次體驗中好幾個維度或面向的平均值（運氣差一點連這點東西都不是）。
2. 就算被加上了數字，不同的經驗還是無法比較的；也就是說，所有的經驗都獨一無二。
3. 無論是你自己的、或者是別人的數字，都會在你的經驗上留下痕跡，事前如此，事後亦然。
4. 當評價經驗多了，會讓你變得愛挑剔。你評價事物的次數愈多、給出的分數就會愈來愈低。知道了這一點，你就要有所節制，不要看到什麼人事物都想對其品頭論足。
5. 比起文字，數字內含的資訊比較少。不要讓數字汰換掉其他類型的資訊，反而是你要善用其他的資訊來詮釋數字。

很對不起，最後我們還要再追加一個附贈的小建議：

6. **數字不僅會影響你對痛苦的體驗，也會讓整場疫情給人的感覺更加嚴重。你怎麼接種疫苗來預防COVID-19病毒，就應該怎麼去接種疫苗來抵禦數字，這不是一種比喻。**

如果數字可以左右經驗，而我們又常常跟人分享經驗，那理所當然的問題就會是：數字會不會影響我們的愛情？如果數字流行病透過某種方式，具備了跟病毒一樣的傳染性，那我們是不是也會用彼此的數字去交叉傳染？

Chapter 6

被打分數的人際關係

二〇一五年的九月底，Peeple應用程式尚未推出，就變成了網路上最顧人怨的app。《華盛頓郵報》（*The Washington Post*）登出一篇文章介紹這個已經被預估價值將近八百萬美元的小程式，並形容它是「交友軟體界的Yelp」。就像Yelp讓顧客幫餐飲業者打分數，Peeple讓使用者可以在工作上、社交上、戀愛上幫其他人打分數，最低是一分，滿分是五分。「人在買車或做類似決定時會做一大堆功課，那為什麼在人生的其他方面不也比照辦理？」Peeple的創辦人問道，然後他們解釋何以這個app對想把性格跟全世界分享的你、也對想找到人去信任的你，是絕佳的交友軟體，「我們想散播愛，散播正能量。」

但Peeple並沒有從《華盛頓郵報》的那名記者處取得太多愛跟正能量，他在那篇報導的結論中稱這個app是「驚世駭俗」、反烏托邦版本的未來。事實上，在全世界的廣播電視或平面媒體上，還有不久後會炸鍋的社群網路，大家都沒有給peeple好臉色，它的創辦人無論走到哪裡，多多少少得被狠狠黑一頓。

這場軒然大波導致了app延後上市，等六個月後好不容易上市了，東西也不一樣了：使用者可以選擇是否要被以打分數的方式獲得評價，也可以選擇他們是否讓分數公諸於世。Peeple在得不到什麼熱烈迴響後，就只能自此沒沒無聞地苟活著了。到最後，《華盛頓郵報》報導中那個反烏托邦的遠景、那個我們可以用一個app去彼此打分數的未來，並沒有變成現實。

現實要悲慘得多了。至少在Peeple裡，我們給彼此的評分只能是預設的三選一，而現實中的我們是有幾百個app跟「服務」以各種你能想得到的方式，讓我們的交往關係被貼上數字，受到數字影響。你可以給剛剛在鞋店裡協助你的店員打分數，也可以給不久前幫你開立處方箋的醫師打分數，還可以幫瑜伽老師打分數、幫足球教練打分數、幫學校老師打分數。在名為「幫我的老師打分數」（RateMyTeachers.com）與「幫我的教授打分數」（RateMyProfessors.com）的網站上，學生已經幫他們的指導者打出了幾百萬條評分。

由於老師跟教授都算是學者，他們自然已經看過了這些評分，並發現在很高的程度上，這些分數似乎蘊含了更多關於打分數的學生而非被打分數的老師的訊息——比方說，某位學生是否滿意他們在課程中拿到的分數、或者可能因為遲到被罵過、或者覺得老師很正或很帥（順道一提，這點直到二〇一八年，都是RateMyProfessors.com上一個獨立的項目，名稱叫做「辣椒好辣」）。

要長年承受以教授的身分被人排名跟評分，我得說，你必須要有一個鐵胃跟相當穩定的心智。你不光是會在RateMyProfessors.com等網站上被用分數品頭論足，事實上，在大部分的大專院校裡，每一堂課都會受到學生的內部評鑑。尤其是在小班制裡，一旦有個不爽的學生給差評，就足以讓整門課的平均評價毀於一旦。而當評分背後的動機無關乎教學品質，而是基於老師的笑話好不好笑跟長相如何時（您是不是在變禿？），那感覺就更讓人火大了。同樣讓人不能接受的，還有因為講師稍微嚴格了一點就挾怨報復的學生。有個八面玲瓏的學生曾因不小心「忘記」達成課程要求而無法參加期末考，結果他給我下了最後通牒：要麼讓他們照樣參加考試，要麼就等著在課程評鑑中拿到致命的一分差評。我二話不說回覆免談，也不太意外地隨即收到一分評鑑。這也算是一種求仁得仁吧，我想。

海里格

同樣的邏輯也適用在你不是給老師，而是給老闆打分數的時候嗎（也有主打評鑑老闆的專門的「服務」）？那同事呢？同學呢？約會對象呢？

想像一下，若這些分數影響我們選擇約會的對象，就像分數影響我們選擇飯店一樣，那會如何呢？你會更傾向於選誰呢：一個檔案看起來「頗為」吸引人的約會對象，還是一個檔案看起來「非常」吸引人的約會對象？一如上一章的飯店評價，這個選擇就像送分題；但話說回來，就跟選擇飯店一樣，如果今天普通吸引人的對象得分是五分，非常吸引人的對象得分是兩分，那事情就難辦了。

在我們隨機給予一百個約會對象兩顆星或五顆星後，受試者看上他們的傾向也隨之變化。當一個約會對象的檔案上顯示兩顆星時，往左滑（謝謝再聯絡）的比例會增加百分之二十五或三十；要是顯示五顆星，那往右滑（好喔，來約！）的比例也有差不多的增幅——檔案裡的長相對此不會有任何影響。正妹／帥哥但低分的組合，對上普妹／宅男但高分的組合，受試者還是會傾向於選擇前者，只是差距不會有想像中的大（比起在沒有分數干擾的時候）。

前面說過，我們很容易在數字面前陷入艱苦的主見保衛戰。我們反射性地與低分者保持距離，並朝高分者靠攏，並且幾乎可以物理性地感受到數字被放到我們身上。妙的是，我們大腦中存有數字神經元，也就是你可能還記得那個叫作頂內溝的地方，研究顯示它不僅會處理數字與身體動作，還會處理我們詮釋他人意圖的過程。關於頂內溝如此多功能的原因還沒被找出來（有種可能是頂內溝是個什麼都會一點的萬事通），但更可能的是那牽涉到一項事實：我們的生存有賴於我們釐清他人意圖的能力——他們是敵是友，是想幫助我們還是傷害我們——就像我們必須盡速對不同的數量跟體積大小有所回應一樣。你們可能還記得，大腦被我們設定成了會綁定數量、體積與數字，好讓我們對數字的反應速度能超過思考的速度。這種設定的風險就在於我們在給人事物評分時同樣不經大腦：我們多多少少會機械式地把自己跟他人給出的分數，解讀為我們真實的想法與意思。

6-1 評分焦慮

光是我們無力抵抗用數字評價彼此就已經很糟糕了，更慘的是我們似乎開始把彼此也當成「東西」在看待，就像我們不是人，而是一部電影或某種體驗似的——我們會像影評一樣，噹人噹得愈來愈大力。

數字在實際上怎麼影響我們的人際關係與待人處世呢？

我第一次跟兒子一起搭Uber時，他在下車時問我Uber司機是不是都跟今天這位一樣服務這麼好。「Uber司機態度比計程車棒多了，」他看起來很開心。但他後來有點失望，是因為我拿出手機跟他解釋說：Uber駕駛通常都比較客氣，但那多半是因為我們會幫他們打分數，而他們自然會為了拿到五分而好好表現。

「原來如此，但你也比平常有禮貌啊。」我兒子說著聳了聳肩。「你也會被打分數嗎？」我原本想回答是駕駛的客氣傳染給我的，但突然被一個念頭打到，然後不由自主地查看起了手機：沒錯，我也被打了一個分數。

從那之後我或多或少產生了一種揮之不去的表現焦慮，鑽進車子後座就會發作。因為我坐車不光要付錢、還得表現得像是個禮數周到的好乘客，免得被打一個低分。也免得下次沒有司機想載我。

麥可

你敢冒著被司機打低分的風險，不給個像樣的小費嗎？媒體報導過，有乘客在要下車前被嚇唬說，若是他們的小費太寒酸就等著被給低分吧。此外，要是乘客不給駕駛滿分評價，也可能會有相同的下場。光是會被數字反噬的念頭，都有可能改變人的行為模式，那這種評價跟被評價的行為無論有無意識，多少會滲透進我們的人際關係中。

閱後即焚式的通訊軟體Snapchat為了提升用戶的使用率，推出了一個叫作「streak」的Snapchat連勝紀錄的活動，亦即app裡會顯示兩個人之間已經連續多少天互傳了snap，並且等這個數字達到一個特定的水準時，用戶就會得到一個象徵性的獎盃，但這個過程只要錯過一天，之前累積的數字就會一筆勾消。活動很快就在年輕人之間蔚為風潮，他們會彼此發出毫無內容的訊息，以讓連勝紀錄維持下去。可想而知，此舉的確讓Snapchat的訊息流量大增，但這也意味著很多snap訊息很「水」，裡面既沒有照片、也沒有想說的話，唯一的意義就是維繫一個空洞的數字。

身為一名人父，想把眾多app裡一千日新月異的功能統統搞清楚然後做出正確的回應，談何容易。二〇一七年的某日晚間，大女兒在我用溫柔但堅定的語氣請她把手機收起來、希望她關掉Snapchat好好睡覺的時候，發出了罕見的不平之鳴，她說她要是沒辦法完成她的連勝紀錄，那我等於毀了她的人生。在當時，我聽到streak這個單字，才不會想到什麼連勝紀錄，只會想到這個字的另外一個意思：在比賽中的棒球場或足球場裡裸奔，所以我根本不知道女兒話語的意思，也不懂她在激動什麼。原來當時她的連勝紀錄已經維持了短則數周長則數月，那都是她跟一票朋友在Snapchat上的心血結晶——而那些顯然於她價值非凡的的紀錄，如今卻要徹底在一夜之間斷送在我的手裡。全世界最爛的爸爸，我當之無愧。

海里格

很快地，媒體就報導了受壓力與焦慮所苦的年輕人是如何狂熱地追求數字。有些孩子會在爸媽面前苦苦哀求，就只是希望爸媽能代替他們發出空白的Snap訊息，畢竟年輕人也會有走不開的時候（比方說得去上學之類的小小外務），或是他們所在的地方連不上無線網路；有些孩子會在「值星」的朋友「怠忽職守」時氣憤難平；有些孩子明明對這種遊戲不感興趣，卻還是認為不得不Snapchat一下；有些孩子則是擔心自己找不到搭檔來創造出夠高的連勝紀錄。

6-2 你的戀愛績效

同時間，數字也像蟲一樣，鑽進了所有你想像得到給大人使用的app裡。就像有些戀愛軟體會計算你跟你的伴侶互傳訊息的次數，或是有些戀愛軟體會鼓勵並統計浪漫的行為（可能有人還不知道有這種app的存在，純粹怕害你跟伴侶吵架，我們就不對這些app指名道姓了），坊間還有性事軟體會記錄你跟伴侶多久來一次、每次多久、過程品質如何，這些廣義的愛情app本意都不壞，都能說是想要提升你的感情生活品質，但實際上它們也帶著風險，會讓戀人只在意「量」而忘了「質」。

誰不知道愛意表達四次贏過兩次，或是八分鐘的性事勝過七分鐘？甚至你可能會看著數字八，覺得八分鐘好像有點短？但八分鐘其實已經是「超水準」了，因為研究顯示，人類平均是一次五分鐘。我猜你還會看著app計數器上的數字，覺得一周一次的性生活太不頻繁了，但其實這也算是「成就斐然」，因為有英國研究顯示受試者的性生活是每周平均〇・七五次。再者，你可能會不滿意於一周一次的頻率，但研究告訴我們這就是最理想的安排，再多，情侶或夫妻也不會比較幸福美滿。

這裡的風險在於數字會讓戀愛關係變質成一種績效管理。而且若你還記得，數字有種傾向是會影響我們去更努力一點，但也變得比較不快樂一點，直到在最壞的情況下，戀人之所以用訊息甜言蜜語或在被子裡翻雲覆雨，都是為了「做業績」而非真心實意。我們與Snapchat上的年輕人唯一的差異，只是請你爸媽在開會沒空時代發的不是維持連勝紀錄的訊息而是寶貝我好想你。

所以數字真會讓談戀愛變成在比成績嗎？這個問題實在是政治不正確到讓人非要一探究竟：比方說當我們為了選擇約會對象而苦惱，只好參考對方的評分高低去決定要往左還是往右滑時，會發生什麼事呢？

我們做了實驗調查，找來一千名渴望約會的受試者，請他們測試一個已知約會軟體的兩個版本。半數人的版本上會有所有他們查看對象的平均分數，而另一半人的版本則未顯示平均分數。事後我們發現第一組人瀏覽的檔案更多，但使用軟體的時間卻比較短——簡直就像他們在追求工作上的最高效率似的。等他們在事後回答實驗問題時，果不其然，對他們來說，滑約會軟體更像是一份工作，而既然是在工作，那他們就既感覺不到性感，也不覺得這麼做好玩。

讓我們講回那些浪漫的示愛之舉。其中還有一個風險是，我們會開始跟伴侶比賽。

乍聽之下很可愛——戀愛中的兩人誰比較愛誰——但如果你的伴侶照三餐問候你寶貝好嗎，你可能會因為你「只」問候了對方兩次而覺得焦慮或內疚，或者更糟糕一點，你會被那個每天都堅持要贏的討厭鬼弄得壓力很大。而除了折磨自己，你可能也會在內心暗暗抱怨對方：你的伴侶能不能把你當成是在雙方關係中只想躺平度日的隊友，而不要跟你在數字貢獻上你來我往？

再糟糕一點，你可能會連伴侶都沒了。

與Tinder相關最常見的Google搜尋關鍵字是「每天被右滑多少次」與「每天被按讚多少次」，而「我要怎麼才能跟某人配對」與「我怎麼遇到對的人」甚至連前十名都排不上（但倒是有個上榜的搜尋是「一天配對成功多少次」）。

學者研究了Tinder的用戶後發現，許多人使用這個約會軟體並不是認真要認識對象，他們純粹是想藉此滿足自我感覺良好的需求，或當作一種娛樂，他們的目標是多多益善地追求讚、追求配對成功。這可以解釋何以多達百分之五十五的人在一項美國研究中被問到時，會回答他們使用Tinder，但其實他們早就已經脫單了（另外一項研究則讓問題稍微變換：你有沒有在Tinder上看到你認識的非單身朋友？結果比例高達百分之七十。）

這也可以解釋何以研究發現有些人依賴Tinder就像牌桌上的賭徒嗜賭成性。重度Tinder用戶會開口閉口都是他們的Elo分數。如果你不熟悉Tinder的話，Elo就是一個數字，其計算方式是用某人得到的右滑數去對比他們選上或拒絕之人所得到的右滑數（這個數據原本源自於西洋棋中的等級分制度，用意是要以你對手之前的勝場數來評量出你擊敗他一場的價值）。把重點放在收穫多少個讚或多少次配對成功，而非能否與人結緣，也可以解釋何以研究發現Tinder會導致人對自身外貌的滿意度降低，或是自尊心受到打擊。

要說有哪些「數字產生器」在影響著我們的人際關係，那肯定不是只有Tinder而已。你猜關於Instagram，最常見的Google搜尋是什麼？答案是：「我怎麼讓更多人追蹤我？」

Instagram剛開始是一種跟朋友或熟人分享生活快照的軟體，就像是網路時代的相簿。從前人們跟親朋好友聚在一起看的是相簿，現代人則在網路上看Instagram。但時間久了，Instagram慢慢變成一種追蹤者的累積工具，對許多人來說，追蹤者的人數跟那顆想要讓那數字愈來愈大的心，都讓他們很難不去介意。事實上，這種心情已經演化為商機，而且市場還大到讓業者如雨後春筍般冒出來買賣追蹤者人頭帳戶（這類業者也有推特版本）。

老實說，你也很在意自己臉書上有多少朋友吧？或是在求職版臉書LinkedIn上有多少人脈？很多人是在意的，我們問過了。我們隨機挑選了一千個人，請他們跟我們分享在社群媒體上有多少朋友。所有人都答得分毫不差。（放心，我們已經把這一千人的人平均值準備好了，假如不讓各位讀者跟他們一較高下的話，我們也太壞心了吧。答案是：Instagram 167人、臉書755人、Snapchat 47人、LinkedIn 353人）。再者，他們似乎覺得判定自己有多少社群媒體上的朋友是一件很容易的事情，我們也問了這一點，結果從一到七（一分是最難，七分是最簡單），過半的人給出了六的答案。

如果被問起在現實生活中「你有多少朋友」或「你在工作上有多少人脈」，而且不是指社群媒體，那你燒腦的程度恐怕就會提高許多。這種狀況其他人也有，至少上述的一千人裡大多數人只能給出一個大概的範圍，沒辦法把話說死（平均值經過四捨五入後為朋友二十個，人脈五十名），而且他們覺得要分清楚現實中有幾個朋友還挺難的——把人拿來比較這事兒在一到七分的容易度上，多數人給出了四分。畢竟他們有什麼動機要去記住自己於私有多少個朋友，於公有多少人脈呢？仔細想想，這麼做有什麼意義嗎？

但話說回來，只要把數字加進這個方程式，這麼做就突然有了意義。數字讓人際關係的數量變得重要起來、也讓人際關係變得可以相互交換；畢竟數字說到底就只是數字而已，而既然人變得只是數字，那有人願意花錢買追蹤者也是剛好。數字讓人際關係產生了可比性。誰的臉書朋友最多？誰在LinkedIn上有最多人脈？誰在Instagram上有最多人追蹤？突然之間我們得出了一個扭曲的結論是：若看到別人在網路上有五千名朋友，而我們「只」有兩千（兩千耶！）名朋友（你確定？），那肯定就是我們不夠好。

一不小心，人際關係就會變成我們較勁的工具。

> 我跟新社群媒體之間有著剪不斷理還亂的關係。我一方面覺得有新玩意兒可以嘗鮮很酷，一方面也感到焦慮。我又要從零學起了嗎？當我收到邀請，可以參與新

對話平台Clubhouse的活動之時，我發現自己對這個當紅炸子雞其實有點猶豫。我查看了一下聊天室裡有誰，結果發現許多很「潮」、而且在新平台上已經有很多人追蹤的帳號。我怎麼可能趕得上他們？要是他們也去搜尋我，結果發現我幾乎沒有人追蹤，那該有多丟臉？由此我根本沒心情為了新平台的新功能雀躍、也沒空為了能跟世界各地的人對話交流而歡欣鼓舞，我只擔心自己低得可憐的新數據。

麥可

或許那不只是一個巧合（就算是，也是個有趣的巧合），但在數字像蟲一樣鑽進現代人際關係的同時，一人家庭的數目也以彷彿像土石流般的速度猛增。在一九五〇年左右的瑞典，一人家庭的比例是百分之十二，而這個比例根據歐盟的統計數據，已經在二〇一七年升破百分之五十！這意味著瑞典人是單身界的世界第一強國。此外，挪威以百分之四十多緊追其後，而整個歐盟也在這段時間呈現同步的走勢，單身家庭比率平均達到百分之三十初。這種單身的漲勢有眾多因素，但就像經濟學研究顯示的，我們銀行帳戶的高餘

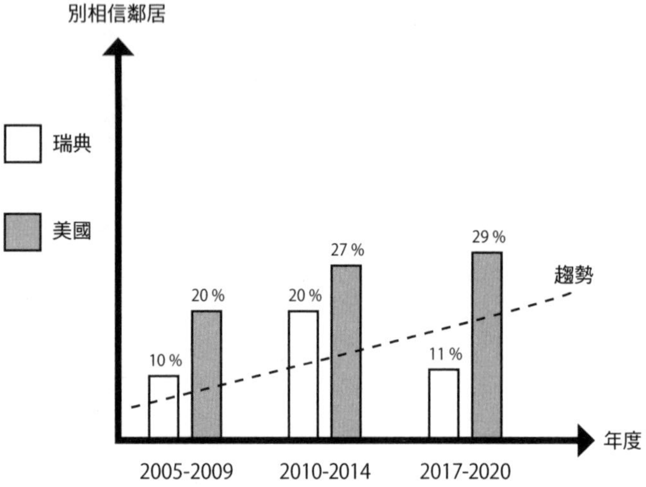

額會妨礙我們的人際關係，那麼會不會我們約會對象、同事與友人帳戶裡的高餘額，其實也對我們的人際關係是一種阻礙呢？

我們不禁納悶，數字是不是降低了我們對身邊之人的信心？如果我們把數字加到其他人身上，用各種辦法給人打分數，讓人成為不同交易中的兩造，那是不是會有種高風險：我們會慢慢地不像過往那樣信任跟依賴別人？數字會不會削弱了我們對彼此的同理心？

以下是針對人際關係，我認為你應該接種的數字疫苗：

1. 分清楚數字跟意圖。它們的價值是完全不一樣的。你得到的（跟你給自己的）分數不必然代表某人真實的想法。
2. 分清楚數字跟品質。你的朋友或許不比人多，但他們的價值並不輸人！
3. 謹記你的人際關係不是某種業績，不要因為上面出現的數字就產生誤判。
4. 無論是有心還是無意，小心不要被評分綁架或用分數綁架別人。
5. 還有拜託、拜託，不要給你的教授打分數。

如果你實在沒辦法不在乎數字，那請記住在床上的六分鐘不短，而是還挺長的，還有就是伴侶間一周一次其實已經很夠了。

但我們不能停在這裡。如果數字讓我們的人際關係變質成某種表現跟交易，那是不是代表數字已經變成一種貨幣？這個問題請待下章分曉。

Chapter

7

數字等於貨幣

二〇一八年，北美一家大型壽險業者約翰・漢考克保險（John Hancock Insurance）宣布從即日起，將僅販售「互動式」的壽險保單，其特色是會用穿戴式的活動追蹤器來蒐集健康數據，藉由讓保險公司透過蘋果手錶或Fitbit運動手環取得他們的健康數據，保戶可以獲得折扣與種種優惠；換句話說，保戶得承擔的風險是如果不配合，就會有保費變高的可能性，等同被懲罰。大約同一時期，澳洲壽險公司推出了與之對應的「創新」，他們以優惠措施鼓勵保戶戴上活動追蹤器，如果保戶的身體質量指數（BMI）降到28以下，就可以領到紅利。壽險公司認為，這麼做可以讓保戶產生活得更健康的動機；但評論者想到的形容詞卻是反烏托邦、變態與妨害隱私。

所有關於我們自身的數字，無論是我們自行蒐集還是讓他人代勞蒐集，都已經一點一點地具備了可觀的價值——這些數據對我們自己、雇主、政府有價值，當然也對將本求利的企業有價值。透過取得地理位置數據、健康數據、按讚數與追蹤人數，也透過對在家中、車上、體內的感測器的掌握，科技業者能提供我們更好的建議、更個人化的服務、更有針對性的廣告、更周到的風險管理，以及更便宜的壽險保單。

演算法會透過人工智慧與所謂的深度學習自我精進。我們可以將深度學習理解為一個神經網絡，此網絡提供科技以類似人腦的方式，透過大數據去進行學習。而演算法經由深度學習進行預測的棘手之處，在於我們無法洞察人工智慧實際上如何運用數據或其規則為何。更令人憂心忡忡的是，我們一般人不懂就算了，現在是連使用深度學習模型的科技業也不知道其中的規則。正因如此，演算法的預測模型常被形容為黑箱。再者，由一個族裔、運動習慣、體重構成的函數來決定你的保費高低，乃至於很多類似的作法，很難講在倫理上無懈可擊。

近期有間北歐銀行被迫讓其嶄新時髦的深度學習信用模型退役，此模型用於預測債務人何時最可能違約，其準確性優於其他任何一款模型或方法。這麼準的一款模型為什麼會被迫退役呢？這個嘛，答案是銀行對於該模型是以什麼樣的決策標準為基礎去拒絕對人放款，自己也沒概念，更沒辦法對該國的金融監督局交代清楚。所以講來講去還是那一套：電腦說不行，就是不行。

我們在前言說過，人類逐漸地在按讚數、追蹤人數、心跳數與移動步數、紅利點數與餐廳排名等數字之間，變成了數字資本主義者。而我們在這裡提到的「貨幣」一詞既有其字面上、也有其形而上的意義：按讚數就是錢，追蹤人數就是你的銀行帳戶。如果你是一名部落客或意見領袖，那追蹤人數跟按讚數就實實在在可以當成幾塊錢或幾分錢去算數。至於脈搏、步數與海拔增幅則可以被兌換為保費的折扣券。數字可以是一種形而上的貨幣，它等同於地位、自信、談判時的籌碼。金錢能如何腐化人，數字也做得到——而且連腐化的手法都如出一轍。

幾十年來，人類針對金錢的心理效應進行了各種研究，若要說這些研究讓我們懂得什麼，那就是金錢導引著人的思想與行為。我們說過只要看著鈔票、摸著鈔票，人就會受影響，就會變得更加唯我獨尊、自我中心、冷漠無情，我們稱之為渾蛋效應，還記得嗎？碰到錢，人就會產生一種凡事都是買賣的現實思想，會比較不願意助人，也會做出更多自私的選擇。近期的研究也顯示與錢走得愈近的人，就愈容易外遇、愈不愛分享，各種決定的道德水準也愈發低落。

有沒有可能數字正以貨幣的身分在做著一模一樣的事情？

7-1 數字愈高，道德愈低

為了查清楚這件事，我們把問卷發給了八百名挪威人。首先我們請教他們有無追蹤自身的各種數字：包括有無長期記錄自己的健康數據？清不清楚自己在社群媒體上有多少朋友跟追蹤者？他們有沒有掌握自己財務狀況的變化，亦即有沒有習慣關注自己投資的股票、基金，乃至於自己的紅利積點跟存款餘額？之後我們搬出各種道德兩難，看他們在各種情況下「便宜行事」的傾向是弱是強。這些道德兩難的題目五花八門，包括：在公司偷一點影印紙、撞到別人的車子、在排了很久的隊之後買到了咖啡，但店員卻多找了錢等。這些道德選擇情境有趣歸有趣，但完全來有自。

結果你猜我們問出什麼結果？我們發現記錄自身「健康數據」跟受試者的道德感之間，存在一種弱的負相關性，頻繁使用Fitbit運動手環與Strava軟體的人，會比全體受試者的道德低下一點，比起什麼活動追蹤器都不使用的人，他們也會稍微自我中心一點。

至於那些會在「社群媒體」上追蹤自身數據與按讚數的人，結果就更令人沮喪了，這些人不僅有較高的焦慮傾向，而且也在道德判斷上顯著遜於他人：他們覺得偷一點老闆的東西、燒一點盜版軟體，還有把多找到的錢暗藏起來，都算無傷大雅。

我們還發現習慣更新自身財務現狀的人也有同樣的模式。他們在道德兩難問題中的表現較不可取：他們會把工作放在與親友為伴之前，甚至於他們會比較仇外。這樣調出來的雞尾酒還真可口，是吧？

為了解釋金錢對道德觀的負面影響，美國學者常提出所謂的「自足心態」——也就是當你有錢到一個程度，你會比較獨立，覺得自己不需要別人幫忙也過得下去——這於你有沒有似曾相似之感？前幾章我們提過一個與跑速有關的數字研究（看人跑得比平均值快或慢），當時我們得到的就是同一種結論：只要讓受試者以為他們表現得比實際上好，他們就會自信爆棚，產生一種「自給自足」的感受。他們也會在牽涉到冒險的行為上得到比較好的結果。而當我們讓他們回應同樣的道德兩難的問題時，你覺得會發生什麼事情？嗯，跑步成績的數字很高，讓他們產生一種優越感，覺得自己比別人強——由此他們會傾向於在不同的處境中表現得出格一點，不受拘束一點，就跟那些與錢接觸的人一

你愈是追蹤自己的…… 你就會……	社群媒體數據	健康數據	經濟數據
感覺自己愈不獨立 也愈不能幹	✓		
愈感覺焦慮	✓		
做出更多不道德的選擇	✓	✓	✓
感覺更幸福		✓	
打算從事更多社交活動		✓	
打算從事更多工作			✓
更不信任外國移民			✓

模一樣，也跟那些發現他們在Instagram上有很多人按讚的人一模一樣。所以，會擾亂我們道德羅盤的東西不只是錢，其他類型的數字也有這種效果。數字甚至不需要代表什麼東西，它可以「就只是」一個數字或一個數學問題。

在一系列的實驗中，來自香港與美國的學者發現人會穩定地變得更自私自利、更不誠實、也更自我中心，而觸發這種狀態只需要一個數學問題。

他們的實驗內容很簡單：受試者被隨機分成兩組，一組人得解開一個文字問題，另一組則需要計算一個數字問題，解完題後他們得玩一場博弈遊戲，一個所謂的獨裁者賽局[4]，而當中他們有一個選項是可以自行保留更多錢並對其他人說謊。結果，需要計算數學題的那組比較常說謊，也始終保留更多錢給自己。很不堪對吧，但這就是現實。

這些實驗也很清楚地指出了一項事實，那就是身為人類，我們對於文字跟數字的反應是不一樣的。數字就像貨幣，會讓我們變得更自我、更沒溫度、更不感性，數字還會誤導我們的道德羅盤，讓我們判斷失準。

有段期間我需要主持很多會議，當時為了自娛，我會有系統地觀察與會者是否會相互幫忙倒咖啡。在有保溫瓶放在桌上的會議中，你可以選擇只幫自己倒、或是順便問你旁邊的人要不要咖啡。而你應該能猜得到我觀察到了什麼。沒錯，當我們討論數字、預算與排名時，人們偏向幫自己倒；至於比較質性的討論與文件會議，則會讓更多人去進行「咖啡社交」，顧及別人，甚至有人會傳遞糖果袋或餅乾盤。

順道一提，我還注意到有些堅持徹底匿名而我原本就認識的教授，對（論文的）影響因子跟H指數極度感興趣。這些教授非常在意他們的論文有多常被引用，並且會頻繁地去Google Scholar與ResearchGate上欣賞他們的數據；而在遇到有新任務要做、或有雜務要跑腿時，也是同一群教授開溜得最快。我並不是說這是什麼科學調查，但作為軼事證據，這還挺酷的。

海里格

4 譯註：是心理學與經濟學裡的一種實驗範本，由《快思慢想》作者丹尼爾・康納曼的研究團隊首先提出，他們據此進行了與人類自私跟互惠心理有關的實驗。作為最後通牒賽局的變形，獨裁者賽局共有兩名參與人，其中一人扮演獨裁者，將獲得一筆錢，並決定將多少錢分給另一人。他最多可以將所有錢給予另一人，自己沒有任何收益，最少可以不給，自己獲得全部的錢；而另一人只能被動接收獨裁者的裁決，沒有任何置喙的空間。

7-2 遊戲化的社會與點數系統

「在我的遊戲設計者工具箱裡最重要的一樣東西，就是點數系統，因為那會讓玩家知道他們該在意什麼。」說這句話的是倪睿南（Reiner Knizia），一名首屈一指的世界級桌遊設計師，他設計過的遊戲包括《魔戒》、《聖石之路》與《失落的城市》。遊戲裡的點數系統似乎能改變人的心態，讓他們更加脫離現實，玩得更起勁、心胸更狹隘、求勝欲望更強，並三不五時陷入深深的挫折感，致使他們翻桌並相互叫囂。這些人為的並且在現實中不具備何價值的數字與點數，卻能讓冷靜、內斂的人一下子發起狠來。而根據遊戲哲學家阮氏C（C. Thi Nguyen）的分析，遊戲世界裡的點數邏輯正被積極地運用於廣大社會上，企業、機構、甚至學校，都已經了解到遊戲跟點數系統可以被用來形塑我們的能動性與行為。從學校作業、報稅、銷售競賽、點數方案到推特對話的所有東西，都「遊戲化」了，並且正如阮氏所言，「我們沒有在玩遊戲，是遊戲在玩我們。」

數字與點數系統把物理跟社會現象轉變成可測量的單位。你的財務責任感會轉化為信用點數、你的社交網絡變成追蹤人數跟社群媒體上的觀看次數、你那顆浪蕩之心變成了航空公司的里程酬賓、你從運動獲得的樂趣變成了走路的平均時速，以及被消耗的卡路里。數字因此增加了競爭性與對抗性。隨著人生被完整量化，我們把競爭元素引用到愈來愈多的場域中。人與人之間、經驗與經驗之間，原本屬於質性，並且可以用眾多的方式去詮釋的差異，但如今卻被轉化成了堅若磐石的量化差異。兩張自拍、海灘上的兩具胴體、不同餐廳的兩頓晚餐，突然間都可以用數字來一較高低，可以被毫不留情地拿來對比。

同樣的邏輯也成立在商業世界裡，一次的購物體驗可以被化約為三顆星、去趟洗手間可以被化約成一張笑臉、一本書或一場演唱會可以被化約為一到六分間的評比。數字與量化把複雜的現象重塑成單一維度上的刻度，大部分的現象及其內涵都會在測量的過程中流失殆盡。

數字也因此會影響我們用什麼樣的語言去描述經驗的價值。「從一分到十分，她有多正？」當我們把數值連結到一個特質、物件或人物，我們也對其價值給出了毫無遮掩的評估。八分的東西就是比七分的好。量化會讓價值變得容易理解、事物變得容易比較，也會讓我們凡事都能得到一個清清楚楚的排名：麥可在Instagram上有兩萬八千四百個人追蹤，海里格只有一百三十五個。量化讓社會地位的高低變得一目瞭然，也方便我們把社會現象轉化成硬貨幣。就像沒有人會嫌錢多一樣，數字通常也是愈大愈好（真要說大不等於好的數字，大概只有脈搏跟血壓了吧）。演算法消化了大數據，然後將結果呈現給你，只因為你忍不住想點開連結去跟人比大小。你是334、尼爾斯是176、你的鄰居是189、你的伴侶是544，像這樣的數字可以套用在各種事物上，包括從社交智商到外表顏值，乃至於在社群媒體上的排名、肥胖程度，以及憂鬱傾向。

隨著連結數字的方式推陳出新，我們也開始在新誕生的服務裡看到數字扮演的貨幣角色愈來愈清楚——甚至有人會說愈來愈荒謬。比方說，二〇〇六年推出的CreditScoreDating.com網站，它提供的服務是讓你以信用分數的契合程度去找到未來的另一半。若按該網站所言，百分之五十七的男性與百分之七十五的女性會在挑選約會對象時顧及對方的財務穩定性；若果真如此，那還有什麼地方比這網站更適合我們去找到真愛？一丘之貉的意思推薦你去了解一下。

說到信用，不知道你曉不曉得在二〇一五年臉書已經申請了一個專利，那就是臉書會根據使用者的社交網絡去計算出他們的信用良窳。這種算法的底層邏輯是，如果你的朋友都有拖欠繳款的傾向且財力窘迫，那你的信用多半也好不到哪裡去。所以你在現實中或網路上選擇要跟誰往來，都不能掉以輕心，否則數字就可能會讓你陷入困境。

7-3 數據商機無所不在

讓我們說回「量化自我」運動。提摩西・費里斯等人所提倡的自我追蹤是許多人的眼中釘，因為正是這種作法把數字轉化成貨幣與競賽，讓每個個人都被化約為一家具體而微的小公司。如果來自活動追蹤器與智慧型手機的數字會被用來促成個人表現的最佳化，那你就會非常接近一種走火入魔的境地：把活生生的人當成市場分析對象。你將永遠不缺追求各種數字的機會，也不缺比較數字與提升數字的機會。市場邏輯會壓過人際關係邏輯，人會變成一家家追求業績的中小企業。

這些關於你的數據都內含可觀的商業價值，所以拿它去跟Google、Strava、臉書與蘋果等科技業者交換新服務或好建議，都算是容易的。如果Google可以從你身上、手機上、家裡的感測器蒐集到各種數據，那你的日常生活就會產生截然不同的面貌：咖啡機會隨著你早上睜開眼時自動開啟，屋子跟車子會根據你今天的行程進行調整跟設定，你的運動計畫與一天三餐會被量身打造，你最寶貝的人際關係會獲得維繫。你願意交出去的數據愈多，你得到的建議就會愈客製化。

你可以用數據換到的好處還不只如此。比方說，網路上也有業者提供DNA定序服務。沒錯，只要花大概一百美元，你就能在網路上完成自己的基因定序，更棒的是，你可以將自己的DNA上傳給各家科技公司，就能取得量身打造的各種建議，無論你的問題涉及瘦身、運動、禿髮、青春痘、賭癮、雀斑、攻擊性、憂鬱症、日光浴、咖啡攝取量等各式各樣的問題——這還只是略舉數例而已。坊間甚至有app可以根據你的DNA圖譜來判斷哪種葡萄酒會適合你的味蕾。很聰明，對吧？

為了拚命取得你的數字跟資料，科技業者已經開始移駕到各種你沒想到它們會感興趣的產業裡，比方說床架跟床墊——沒錯，科技業的金主已經大舉「搬錢」到床墊這種無聊到不行的製造業裡。你有想過連這類傳統行業都可以被「顛覆」嗎？為什麼選中了床墊？嗯，在科技業投資人的想像中，人類以後買的不會是床，而是睡眠品質。因為屆時人需要的是睡眠。透過感測器與對床墊的監控，你的睡眠可以獲得最適化，你甚至可以把這種理想化的睡眠帶著走，讓它陪著你去住酒店以及Airbnb等民宿，甚至是睡在帳篷裡。

7-4 數字資本主義

有句老話說，時間就是金錢。如今很顯然這句話應該改成：數字就是金錢。省下一塊錢就是賺到一塊錢：紅利點數可以被拿去兌換假期、機票、或商品，Fitbit運動手環的數據可以被拿去交換較低的壽險保費，較高的客戶滿意度與其他在工作上的頂級評價可以幫助你賺得公司發的獎金，來自你車上關於你駕駛模式的數字可以為你換得較便宜的車險開銷，較好的信用可以讓你用優惠的利率跟銀行借到錢，客人給予的好排名可以為開餐廳的你換得更高的翻桌率，如果你生活在中國，漂亮的社會信用分數還可以讓你享受到更快的網路速度，按讚數可以被變現為閃閃發光的美元跟比特幣。

想測試看看？你可以去Google一下「抖音換錢計算機」（Google一詞已經被大家當成動詞使用，光是這一點，就證明了數字資本主義所具有的力量），你將會得到超過一千萬條結果：可以幫你把追蹤人數、觀看次數、按讚數等數字變成金錢的換算程式，在網路上可說是綿綿相連到天邊，多到數不盡。它們會告訴你「可以在抖音上賺到多少錢」。確實，你需要有幾萬起跳的觀看數，賺得的錢才能買到一條巧克力；但不爭的事實是，流量可以變現。全球有千百萬名年輕人夢想著有朝一日能成為意見領袖或網紅，而且是名利雙收、按讚數跟財富會一起流進來的那種。

二〇一九年，十九歲的艾荻森・雷・伊斯特林（Addison Rae Easterling）成為在抖音上賺最大的網紅。六千萬名追蹤者確保了五百萬美元滾進她的帳戶。這聽起來會很狂嗎？排行第二名的查莉・達美里奧（Charli D'Amelio）連十九歲都不到，她以十五歲的年齡，靠八十六億次的按讚數進帳了四百萬美元，目前的她坐擁上億名追蹤者。通過深夜脫口秀節目「吉米・法倫的今夜秀」推波助瀾，查莉的「生涯」發展從抖音童星的身分破天荒大躍進，拿到了Prada、休閒服飾品牌Hollister，以及美式足球超級盃的合約。她的大姊荻克西排行抖音網紅第三，靠的是四千九百萬人追蹤跟八十億次按讚。所以說這一代的年輕孩子會這麼執著於數字，真的值得我們大驚小怪嗎？

其實我們知道，這種現象也不是年輕人的專利，畢竟我們就是數字的動物，數字自然而然會讓我們熱血沸騰。它是上帝、瑪門[5]與A片三合一。它的流通性內建在我們的身體、大腦，還有共同的歷史裡。

近期我在Instagram上貼了一段運動影片。我時不時都會發這種內容上去，畢竟

5 譯註：**Mammon**，新約聖經中的用語，可理解為物質財富，或基督教七宗罪裡的貪婪。

也不是什麼多了不起的內容。不過這次的影片有點特別，在短短幾天內累積觀看數就達到了三萬次，遠高於平日我大概是一萬次的水準。很快地，這數字又突破四萬次。回頭去看，我意識到那應該得歸功於天時，因為我上片的時間剛好卡到假期的開端，很多人一時間無所事事，只能無腦地滑起Instagram，包括有些人想多得到一些激勵去運動。

後來我想複製自己的成功模式，又拍了一段同類型的影片，希望能一舉把觀看數衝上五萬次，結果卻大失所望：我被打回了一萬次觀看的原形，而一萬次觀看已經不能讓我內心產生波瀾了。那之後我每上傳新片一次，就會被重新打擊一次——一次相對熱烈的迴響已經養大了我的胃口。即便我偶爾可以摸到兩萬，那比起我曾經達到的四萬水準還是不太夠看。挫敗的累積讓我在一陣子之後決定停更，我產生的心態是——堅持下去還有意義嗎？

麥可

要是你覺得錢財與對金錢的欲求不滿會讓我們失去理智，讓我們無法自拔，那你沒理由不捫心自問：其他的各種數字如何影響著我們？你可以去問問托比恩・霍斯馬克・波爾吉，了解一下在他的雙腿徹底崩潰之前、在事情失控之前，他曾經為他的Strava數字感到何等的來勁跟過癮；你也可以去請教一下帕爾維茲・伊克巴爾，了解他兒子努爾在尋短之前曾對抖音影片得到的按讚感到多麼振奮跟陶醉。

並且，數字化身為可流通的貨幣滲透我們的生活，可不是只有在金錢這一塊而已。你可以從二十六個英文字母裡隨便挑一個，我保證你九成九能找到用該字母開頭的某個計數裝置或服務。你選了T是嗎？我給你Twitter（推特）、Tinder與TikTok（抖音），外加一個Tripadvisor。選B嗎？BMI、線上博弈業者Betsson跟線上訂房業者Booking.com歡迎你。

我們還要繼續下去嗎？

承認吧，你已經變成一個數字資本主義者，隨時隨地都覺得數字不夠多、不夠高、不夠好。你努力追求的數字可以被兌換成社會地位到自信心再到客製化服務跟財務利益等各種好康。數字讓你既熱血又興奮，但很可惜的是，也會讓你變得有點不道德跟不合群……嗯，這個嘛，由於你已經知道數字的重要性，所以你自然樂見它能夠具體、客觀、童叟無欺跟反映真實。這點我們下一章會再詳談。

疫情期間因戲院有限度地開放了部分場次，我終於能跟兒子丹堤去看場電影。我們都喜歡上戲院，也很興奮能看到因為疫情延遲很久才上映的《天能》（*Tenet*）。看完我們都覺得很棒。我一朝被蛇咬，刻意不去看影評，但有個標題我實在忍不住點下去，因為上頭寫的是該片未達預期的票房讓人有點失望。會有這種失望，是因為《天能》離打破票房紀錄還很遙遠，甚至連近十年的十大賣座電影排行榜都只是敬陪末座。我覺得怪的地方是，首先，一部電影只是沒能打破票房紀錄，有什麼值得失望的？（難道每部新電影都要打破之前的紀錄嗎，沒這種事吧。）再者，一部電影能在疫情的高峰、在電影院容客量不到一半的狀況下，依舊賣出這麼好的票房，然後竟然還被扣上一頂令人失望的帽子——人對數字到底是有多貪心？但比起這兩點，最令人費解的可能是我發現自己也有點失望《天能》沒能達到更高的銷售數字，畢竟我們父子如此欣賞它，「它不應該只有這樣的本事吧？」

麥可

好吧，我們都已經成了數字資本主義者。但那會不會有點太令人沮喪，太過反烏托邦呢？在那樣的未來世界裡，來自你的運動手環、行動電話、智慧床墊、社群媒體、自用車輛、平日住家的各種數字，統統被轉化為折扣、金錢、地位，跟道德淪喪？你會不會希望在本章的尾聲來點提振士氣的好消息？數字作為一種流通貨幣，難道就一點正面效應都沒有嗎？

當然有。因為我們往往相信數字甚於相信自己，所以在偏見與不確定性帶出我們最壞的一面之際，數字也可以扮演我們的救星。眾所周知，在面對與我們不一樣的人之時，我們的想法與行動會受到內建偏見的影響。比方說我們知道Airbnb的屋主分成兩種，一種是跟我們族裔不同的「他們」、一種是族裔跟我們一樣的「自己人」，其中前者是議價上的弱勢。我們在挪威確認了這一點。在三項總計共有一千六百名受試者的實驗中，我們測試了挪威人對房型一模一樣但屋主不同的公寓有什麼不同的反應？結果讓人有點沮喪：當非西方長相的少數民族作為房東、但民宿一模一樣時，受試者對民宿的看法會趨於負面，而他們選擇這間民宿的機率也會下降最多達百分之二十五。

要是我們根據其他房客的評價，導入從一到五顆星的數字呢？情況會好一點嗎？會！而且是「好很多」。一旦有了五星好評，所有的不確定性與偏見就會像露水遇到朝陽一樣消失無蹤，因為房東的族裔問題而導致租房機率下降兩成五的狀況也會消失。

所以數字作為一種貨幣，不僅有其黑暗跟反烏托邦的一面，它也會引導我們、增加我們的主控感，讓我們不至於在某些情況下被偏見與不確定性牽著鼻子走。

不過，即便你不喜歡，數字資本主義也不是那麼容易用疫苗去抵抗的。你沒辦法把這個世界關掉，搬到樹林裡，靠著松果跟莓子過活，但你還是可以沿路打針來保護自己：

1. 在你拿數字去換錢之前，一定要三思而後行。你真的希望Google、蘋果等一眾科技公司對你、你的家人，還有你的健康狀況瞭若指掌嗎？

2. 不要每天計算你的數字，無論那牽涉到你的健康、財務還是社群媒體都一樣。這麼做不僅會為你增加無謂的壓力，更可能會讓你變得更加自我中心，也更沒有道德底線。

3. 去試試看你自己喜歡哪一款葡萄酒，不要讓app告訴你這種事情——至少不要去問一款需要你DNA才能回答問題的app。

4. 對你而言，一旦社群媒體上的數字開始變得比內容正重要，那就請你把那些app卸載。

5. 只要你已經滿二十歲了，就請不要學查莉・達美里奧的那種抖音影片。那只會讓你看起來很傻，你也不會因此就一夜致富。

數字正在創造出一種新的資本主義，並用這種新資本主義影響著作為個人的我們，也影響著整個社會。這樣的發展固然讓人心驚膽戰，但我們仍須捫心自問，數字是如何影響我們詮釋跟看待真相的方式？我們不妨多深掘此點，然後再回到我們之前曾提起的問題——數字可以如何影響我們對人的信任感，還有我們對人的同理心。

Chapter

8

數字與事實

瑞典有全球最高的性侵發生率。至少二〇一六年八月星期五早上在伊斯坦堡國際機場的電視新聞是這麼報導的。那天還沒過完，這則新聞就成了從瑞典到澳洲等世界各地的頭條新聞，英國廣播公司與路透社都耳聞了此事並加入了轉發的行列。有人臆測這條新聞是策略性地在機場播放，用意是要將事情散播到世界各地；事發的時機也十分可疑，因為就在短短五天前，瑞典的外交部長才針對土耳其立法通過「與未成年發生性關係不應被視同性侵」發表談話；也有人認為這則新聞會在全球各地引起軒然大波，其中很重要的原因是當中含有各種數字。

這些出自瑞典的性侵犯罪統計數字，被拿去跟其他國家的數字進行比較，而瑞典的數字會高於他國，專家指出了兩點癥結：一個是瑞典的相關法律比較嚴格，另一個是性侵案在瑞典一般都會被爆出來，同時也都會被定罪。但是專家的說明沒有獲得同等的關注，其原因是這些說明裡並沒有提供具體的數據讓人知道「占整體多少比例」的性侵案會被報導，而同一時間，性侵的統計數據已經深植人心。隔年這些數字又化身為頭條新聞，飄洋過海到了世界各地，新聞的標題是，「瑞典真的是全球性侵首都嗎？」（給頭條下標的作者似乎並沒有意識到瑞典是國家而非一座城市，又或者若要用個別城市去比較，他找不到數據……）後來是一名歐洲議會的英國成員在一場以「是否接受政治庇護申請」的辯論中提出了數字，他指出瑞典性侵通報在近年來顯著增加，正好呼應了該國接收的難民數比較多。不僅如此，在這段期間，瑞典放寬了性侵的定義——但這名英國政客同樣沒有把這一點考慮進去。不過，在新的定義被採納之前發生多少件性侵案是沒有數字的，也就是說我們不知道新定義讓性侵通報件數增長多少，反正全世界看到的就是瑞典這個國家有著全球最高的性侵通報案件數（包括有好幾年都是突破天際的狀態）。

我第一次因數字可以帶風向而震驚，是在我撰寫《怪物》（*Monster*）一書的時候，當時我想弄清楚為何美國有世界上最多的連續殺人犯。為什麼不是人口數同樣數一數二多的中國或印度，或為什麼同樣是泱泱大國的俄羅斯幾乎沒聽說有連續殺人犯？

關於這個問題，光是我能想到的理由就有好幾個，譬如美國的電視暴力比較氾濫；但當我想要去比較各國的狀況時，我發現我做不到，因為我找不到其他國家的連續殺人犯的數據。我只找得到美國的，所以它當然是全世界最高的。當我想要研究電視暴力跟連續殺人犯數量之間有無關聯時，我發現我頂多只能查到一九七〇年代，再早就沒有了。在那之前，美國是沒有連續殺人犯的，因為你要知道在一九七〇年代之前，這種統計數字還沒有發明出來。

麥克

8-1 數字都是「真的」嗎？

即便數字並非全然事實，人也很難反駁數字，我們拿它沒辦法，因為我們認為數字代表了一部分的真相。關於什麼叫作「大部分」或「很多」，不同的人可以有不同的想法，我們不用達成共識；但數字對所有人而言是一體適用的，所以數字不需要等同事情的全貌，它只需要是一部分的真相，就可以同時也是唯一的真相。

也許那些性侵的頭條會讓你想起一些事情，你甚至可能記得一些數字。但你記得那些數字來自何方嗎？當然啦，數字的出處其實沒那麼重要，因為數字是所有人的共同語言，這一點無關乎它來自何處，是吧？但如果我們告訴你這些數據來自於一間虛構的研究機構，你會怎麼想呢？你可能會覺得我們在跟你鬧著玩吧。

如果你是這麼想的話，那你就對了（不好意思喔，我們實在忍不住）：這些數字其實來自瑞典犯罪預防委員會（Swedish Crime Prevention Board）這個非常真實也非常可靠的機構——但你剛剛還是猶豫了一下，是吧？

研究顯示當人讀到沒有數字的新聞，他們會根據新聞的出處來判斷其說法的可信度；然而當文章內容包含數字，新聞出處就幾乎一點作用都沒有了。當看到別人怎麼說、怎麼思考、怎麼認為，我們只會覺得那是他個人的想法；但當看到數字的時候，我們就會覺得那是不容置疑的——彷彿那是我們唯一需要知道的真相。

關於這點，一個具體而稍微有點讓人不舒服的例子是，在某項研究中，學者讓受試者讀了兩篇新聞，兩篇內容都是印尼一場地震災害中的受害者，差別就在於其中一篇含有統計數據，另外一篇則無。學者測量了受試者的眼球運動，結果發現那些閱讀了有統計數字新聞的受試者，比較不會去看災害跟受害者的照片；由此他們在被問到願意捐多少錢的時候，回答的金額也比較小。

這當中的風險就在於數字會降低我們的思考深度，而這也可以拿來解釋一項腦部研究的結果。此研究觀察了兩組人，一組聽的新聞裡有數字，另一組則無。結果學者發現那些聽了有數字新聞的人，他們的前額葉皮層比較不活躍。前額葉皮層在大腦中負責控制同理心，也控制我們轉換視角跟改變觀點的能力。學者語出驚人地在結論中寫道，他們認為數字降低了受試者腦部的活躍程度。類似的情況似乎也發生在寫新聞的人身上。美國的一項研究分析了逾十萬篇新聞報導及社群媒體貼文，結果顯示新聞記者所報導的數字越大，他們在新聞中所使用的情緒表達就會比較少，也比較弱。換句話說，數字似乎有一種讓人麻木的效果，數字愈大，我們彷彿就愈不需要提出個人的觀點。

在這場我們發現自己身陷其中的數字流行病裡，上述現象可能會引發重大的後果。大眾傳播學者發現有數字的新聞會得到比較大的篇幅，而新聞記者也傾向於報導那些含有數字的新聞，因此他們對數字可以說是幾乎不挑，有就好了。學者稱這種現象為「數字悖論」：記者偏向認為不需要確認數字的真實性，因為他們假定數字是百分之百可以被確認的，所以不一定要由他們檢查。他們得出一個弔詭的結論就是：數字都是真的。

但我想聰明如各位都已經猜到了，數字與真實並不能畫上等號。

8-2 假數字與假新聞

想要造假數字是絕對做得到的。比方說，我們可以宣稱這本書已經在全球賣破五百萬本（實情是還沒有啦——關鍵字是「還」——但編這種數字對我們來說既不困難，又可以提振士氣）；又或者我們可以說悍馬（Hummer）作為一臺「龐然大車」，每英里的油錢只需要一點九五美元，相比之下作為油電車的豐田Prius卻得花每英里三點二五美元油錢。這種說法出自二〇〇七年的新聞頭條（雖然這種說法要成立，你必須把悍馬車的使用費用除以三十五年，而豐田Prius的使用費用則必須只除以十二年。而提出這些數字的公關公司就是這麼幹的）。還有一個例子是在越戰期間，五角大廈（美國國防部）曾經餵給記者各種關於殲敵人數與繳獲武器數量的統計數據，為的就是在新聞上報喜不報憂，進而爭取到社會大眾的支持。

作為俄羅斯的鄰國，我們挪威人從二〇二二年二月二十四日俄羅斯入侵烏克蘭以來，眼睛就一直牢牢地黏在電視跟手機上。很快地，我們看到社群媒體與知名新聞頻道上出現了關於「基輔之鬼」的報導，讓我覺得非常有趣。「基輔之鬼」是烏克蘭一名米格二十九戰機飛行員的綽號，據稱他在戰爭開打的三十個小時內就在基輔上空贏了不下六場空戰，過程中他擊落了兩架蘇愷三十五、兩架蘇愷二十五、一架蘇愷二十七、還有一架屬於俄國空天軍（Aerospace Forces）的米格二十九。二月二十七日，烏克蘭國安局在臉書上發文表示，基輔之鬼擊落了十架敵機。在接下來的數周中，各種新聞媒體報導有多達四十架飛機遭到了這名神祕的空戰英雄擊落。

這些精確的數字，搭配由電腦生成的空戰勝利畫面，讓整個基輔之鬼的故事看起來煞有介事，相關數據與影片有如野火燎原，傳遍了社群媒體，同時也由烏克蘭空軍的官方推特帳號不斷散播出去。但後來，烏克蘭的空軍司令部坦承不諱，基輔之鬼就是個被編造出來的超級英雄，而在網路上瘋傳的影片則是一名YouTuber用二〇一三年一個叫「數位戰鬥模擬器」（DInstagramital Combat Simulator）的遊戲改編而成。

海爾格

以前的人管這種東西叫作政治宣傳，今天的我們叫它「假新聞」。數字原本就是最經典的政治宣傳手法（Google關鍵字propaganda，你會發現教人如何辨識政治宣傳，以及如何自行製造政治宣傳，「數字」都在方法裡名列前茅），如今，數字也是假新聞裡很好用的一招，以下讓我們來介紹兩種用法。

首先，就算我們不相信數字的真實性，也不會改變我們受到數字的影響。以瑞典人口三十萬初的城市馬爾默（Malmö）的槍擊案為例，你覺得下面哪一個數字最為合理：

每年有六百人被槍打死？

每年有十個人被槍打死？

如果我們堅稱正確的數字是每年六百人，那你大概會覺得這個數字太高了——那裡才沒有一天快兩個人被槍打死呢。但如果在讓你在「六百人跟十個人之間二選一」，之後我們請你猜猜看實際的人數是多少，你的猜測多半會高於零人或十人，大多數人會猜一個六百人跟十人之間的數字，而且不會是五十五或七十八。這是因為前面出場的數字會創造出一種框定效果，這點無關乎那些數字的對錯。

我們敢這麼說，是因為我們測試過了。

在馬爾默的致命槍擊問題被大肆報導的高峰（當時正好遇到瑞典國會與地方選舉的前夕），我們隨機找來一千多名瑞典人並分成兩組，其中一組對「馬爾默每年有六百人被槍殺」的聲明做出反應，另外一組則需要對「馬爾默每年有十人被槍殺」之說做出反應。第一組人看到六百人的數字後心想這也太高了吧，肯定是假的；但要他們直接猜測實際的年均被槍擊人數時，他們給出的答案幾乎是第二組的兩倍高（第二組人看了十個人的說法，覺得這應該有可信度）。第一組人在看到六百人被槍擊的數字後，會覺得住在馬爾默應該得戰戰兢兢。雖然他們也認為這個數字太扯，但他們對真相的判斷還是免不了受到影響。

心理學家稱這種現象是「定錨效應」：在確立對某件事物的理解之時，我們需要一個支點去錨定我們的理解。由於數字可以三兩下就鑽進我們的大腦神經元，所以我們根本來不及把它拒於門外，它就已經扎根在那兒，影響著我們的判斷，即便我們明知道它並非正解。

比方說，如果你被問到未來十年發生核戰的機率是大於還是小於九成，你多半會回答小於；而如果你被問到這個機率是大於或小於百分之一，你多半會回答大於。但如果你被問起認為這個機率應該是多少，這時你就會受到開頭問題的影響——回答第一個問題的你會猜比較大的數字（因為九成這個數值已經被植入你的腦中），而回答核戰機率大於百分之一的你則會猜一個比較小的數字。

進行這場實驗的學者之後重做了實驗，並且在第二次實驗中請受試者想清楚核戰需要什麼條件才會爆發，或是直接告訴受試者那九成跟百分之一的數字是他們瞎編的。結果呢？完全沒有改變。一次又一次，那些被植入九成想法的人都猜了一個在百分之二十五上下的數字（！）；至於被植入百分之一想法的人則猜了一個低許多的數字，大概是百分之十。

更怪的狀況發生在我們以為自己已經從不正確的數字中被解放出來，對自己的預估值感到比較有把握的時候。當巴西聖保羅經濟學院的學生被要求預估大型上市公司的市值時，毫不意外地，他們的推測也因為有無先被問到該市值高或低於某個（明顯過高或過低）的特定數值而有所不同。同時，他們也表現出對自身的推測值有很高的自信（結果幾乎錯得離譜），這種自信是在那些沒有先看過其他數字就直接進行推測（而且還猜得比較對）的人身上所看不見的。他們甚至自信到想拿錢去賭。

所以數字要了我們兩回：不管我們相信與否，它都先影響了我們一回，然後又在我們不相信它的時候，讓我們更確信（其實已經受到影響的）自己的看法就是真相。

一九九〇年代時，除了我以外，還有誰也不敢吃內含甜味劑NutraSweet（一種阿斯巴甜）的任何食品，只因為學者說那會引發腦瘤？NutraSweet的故事很精彩的說明了只要是以新的方式連結，即便是真實的數字，也能輕輕鬆鬆地誤導我們：學者觀察到，NutraSweet於一九八〇年代初期問世的三到四年後，腦瘤的病例數出現了令人膽戰心驚的增幅，他們並在《神經病理學與實驗神經學期刊》（*Journal of Neuropathology and Experimental Neurology*）上發表了以此為題且廣受矚目的研究論文。雖說研究中所有的資料都是對的，但學者由此導出的結論卻錯得離譜。如同查爾斯・席夫（Charles Seife）在其《可證實性》（*Proofiness*）一書中所述，一九八〇年代期間還有很多東西都一起出現了戲劇性的增加，包括了新力（現在的索尼）隨身聽、湯姆克魯斯的海報、衣服上的墊肩、大金剛系列的電玩遊戲，還有政府支出的金額。事實上，比起NutraSweet與腦瘤數字之間的關係，NutraSweet與政府支出之間的關係可能還要大一點。大家還跟得上吧？這種經典的陷阱——我們總是會覺得兩個數字之間只要有所連動，那它們就會有因果關係——催生出了多到讓人無法置信的錯誤報導、似是而非的假象，還有各式各樣的陰謀論。

海里格

不知道是不是老天覺得這樣還不夠誇張，數字甚至不需要跟現實有任何連結也一樣可以影響我們。我們作為數字的動物，就是會本能地對身邊的數字產生反應，至於是什麼數字我們並不是很在意。在某些經典的實驗裡，康乃爾與哈佛商學院的學生得預測出虛構的籃球選手史丹・費雪（球衣背號54或94）會在下一場NBA比賽中拿下多少分，或是自己會在鎮上一家虛構的新餐廳裡（店名是17工作室或97工作室）花多少錢吃晚餐。球衣背號較大的史丹・費雪在比賽中的得分期望值比較高，餐廳則會因為店名中的數字較大，而有望讓商學院的同學準備更高的晚餐預算。

可怕的還有這個：假如一天到晚在我們生活中跳出來的數字，會被定錨在我們的神經元裡，進而影響到我們對其他事情的理解與決定呢？萬一你計數器上的高數字會讓你從ATM裡領出更多錢呢？要是你在Instagram上某張照片的高按讚數會讓你在拍賣網站

eBay或網路房仲平台Redfin上提出你原本不會提出的高買價呢？

我們太好奇了，於是請大概一千五百名受試者寫下他們一天當中走了多少步（大部分人的手機都裝有app可以自動計算步數；沒有的人只能盡可能猜一下），接著我們請他們估算自己願意花費多少錢買一間一房公寓。結果你知道嗎？走路步數愈多的人，他們提出的公寓預算也比較高。好，我知道你可能會想，大城市裡兩點之間的距離較遠，走路步數自然多，同時大城市裡的房價本來就比較貴；但我們已經用控制組的設計抵銷了這一點。無論受試者身處的城市是大是小，走路步數多的人都會比較願意負擔高一點的房價。還有一種可能是走路步數多的人會覺得自己比較能幹，因此也比較願意用高房價來「獎勵」自己一番。但當我們請受試者「猜測」其身處城市裡一間一房公寓的平均房價時，得到的結果也沒有不同。

要是演算法可以隨時掌握你身邊數字的大小，並在假新聞跟廣告中利用這一點呢（我們這種說法會不會太歐威爾、太《一九八四》了啊）？但就某種程度而言，這已經是現在進行式了。社群媒體的演算法會針對觀看數、評論數與分享數產生反應，並把更多

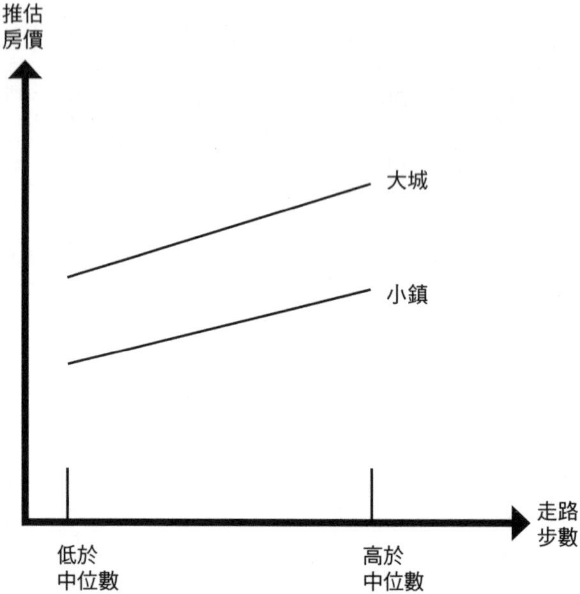

的篇幅賜予擁有這「三高」的貼文。同時我們也已經知道有數字的新聞可以創造出更多的點擊數，進而生成一種雙重的數字效應：貼文中的數字會催生出更多的點擊，而點擊又會反過來讓演算法賦予貼文更高的觸及率。只要數字夠聳動、夠有爭議——像「瑞典是全球性侵首都」——那演算法的推力就會更加不容小覷，假新聞就會收穫滿滿的獎勵。

8-3 數字能改變你眼中的「事實」

很可惜身而為人，我們的運作與演算法無異，因此我們在此想討論假新聞裡的數字得以影響我們的另外一種方式：我們對新聞裡的數字沒有抵抗力就算了，我們還無法免疫於新聞周遭的另外一種數字——那就是有多少人看過或喜歡某則新聞。研究顯示人一看到新聞報導吸引到更多網友按讚，就會覺得該新聞的可信度較高，按讚數較少的新聞則會被比下去。再者，一遇到新聞的按讚數比較多，該新聞在我們眼中就會顯得真假難辨，就跟高數字會對我們的思辨能力產生干擾一樣。只要沒有高按讚數出來礙事，新聞的真假就比較不會難倒我們。

更荒謬的一點是，人很愛去按讚或評論那些他們根本沒有點進去或閱讀過的貼文，亦即按讚無須發自內心，照樣也可以影響我們。事實上，數字不需要以按讚的形式出現也一樣可以影響我們，光是觀看數就夠了。

我們做了一個實驗，讓受試者觀看一則針對某位虛構人物或褒或貶的貼文，且貼文旁邊會有一個數字表明該貼文被看了二十次或兩千次。看到對虛構人物讚譽有加的貼文，受試者的好印象會因為該文的觀看數是兩千而較強，觀看數只有二十則的較弱。同理，看到文章內容在罵人的受試者，也會因為貼文的觀看數多達一百次，而在內心對當事人扣分扣得更多。

不過，兩者有一個共通點，無論是較高觀看數還是較低觀看數，受試者都一樣確信他們沒有受到數字的影響（反之他們會傾向認為其他人受到了數字的影響）。

過去幾年，我們都能看到一篇學術文章被多少名其他學者引用。這種設計的出發點是好的，因為這可以讓學者得知哪些文章「提攜」了後進（這話聽了真的很爽），為研究的延續性做出了可觀的貢獻。這個數字有著自我強化的作用——一篇論文有愈多人引用，後續就會有更多學者想去拜讀，並也跟進引用，結果就是該篇論文的引用次數持續創新高。論文的引用數甚至也是學者在申請職位或升等時的計算項目，主要是作為其研究重要性與扎實度的指標。

這個現象讓我對一件事情有點哭笑不得：我被最多人引用的一篇論述文章是我受邀寫來探討廣告應該如何被重新定義，而很多人引用這篇文章是為了回應我文章中的觀點——並不是因為他們認為我寫得很對，而是他們覺得我的看法太過偏激，所以不得不進行反駁。換句話說，我的這篇文章之所以紅，不是因為大家認同我，是因為無法苟同！

麥可

我們多半可以感謝頂內溝——那個當中安放著數字神經元，讓數量與我們的原始求生本能連結起來，並拉著我們去親近友人遠離敵人的大腦區域——是頂內溝讓我們知道有多少人已經看過我們正在觀看的影片，然後讓我們受到這種人數多寡的影響。頂內溝也控制著我們對他人意圖的解讀：數字把他人的行為「翻譯」成了一種可正可反的集體意見，而我們要麼加入、要麼緊盯。但其他人的行為並不非得要有什麼意義不可——在此例裡，已讀就只代表已讀，沒有什麼言外之意，他們可能只是心不在焉地隨便看看，可能根本懶得看完全部內容，又或者他們可能專心地看完了但也談不上有什麼心得，或甚至他們看完之後只覺得反感！

對於我們來說，數字（包括跟我們八竿子打不著的數字）變成了強烈的訊號。我們的人生不需要跟——別說兩千人了——跟二十人相交為友或拉開距離，才能保持不陷於生存危機；我們大概只要能同時掌握至多五個人的行蹤應該就夠用了，就像亞馬遜河流域的皮拉罕人與蒙杜魯庫人在不靠數字的狀況下所能達到的程度一樣。而如今我們眼看著一個人是否「有名」，標準是他或她有多少人在追蹤跟有多少人在看、在聽、在按讚；衍生的風險便是我們會覺得名人說的話比較對、比較真，而且是數字愈高的人學問愈大。「多一個追蹤者，就多一個能為其背書的證人。」這種想法不那麼可取，是因為我們之前提到過的一個問題：社群媒體上的追蹤人數是可以花錢買的。

按照這種「數大便是真」的邏輯，有些事情會產生負面評價是源於一種與數字相關的聚眾效應——我們被拉著去對某件事表態，更多是因為其他人好像都覺得這件事很重要，而不是源自於我們自己的想法。

我記得當崔林格諾巧克力（Trillingnöt）被從「阿拉丁巧克力」（Aladdin Chocolate）分類禮盒拿掉的時候，報導表示網路上有數千人掀起了抗議的聲浪。報導還提到廠商會把崔林格諾巧克力拿掉，是因為它比其他果仁糖的成本都高出許多，所以廠商決定將之獨立販售。只不過人算不如天算，這個計畫很快就被廠商喊停了，因為事實證明崔林格諾的銷路很差。所以之前那些網友是在抗議幾點的？

麥可

最後又到了打疫苗的時間，我們這次要提供的是可以避免事實遭到扭曲的幾帖數字疫苗：

1. 記住數字悖論。數字可以驗證，不等於它已經完成驗證。
2. 就算數字被驗證屬實，也不代表數字就是全盤的事實。
3. 面對數字要一再小心：它會削弱人的同理心，甚至會讓重要的訊息遭到輕忽。

4. 要知道數字可以被定錨在你的腦中，進而影響到你的想法，這一點不會因為你知道數字在此不重要或不正確而有所改變。

5. 記住，訊息的四周可能浮現著許多數字，但那些數字並不代表事情的真實性。無論是有很多人看過的一則訊息、或是發訊的人有很多人追蹤，都不代表這則訊息比較重要或比較精確。

Chapter

9

被數字控制的社會

關於數字等同於真相的想法，請你再記住一會兒，請記住數字是如何「賴在」我們體內不走，如何誤導我們，甚至記住數字偶爾會有單純的錯誤。也請記住我們是如何任由自己受到數字的擺布，即使在我們知道數字錯了的時候也無法獲得自由。

我們有完沒完？答案是還沒有。

本書到目前為止，我們花了許多篇幅聊到數字是如何影響身為個體的我們——你的自我形象、個人意見、個人表現跟人際關係，乃至於你的行為動機跟幸福與否。而數字能影響我們個人，自然也可以影響到作為群體一分子的我們。一本討論數字如何影響我們生活的書，自然也會是一本討論數字如何影響整體人類社會的書。用全社會的立場去看待這一切的角度一直存在，就看我們要不要主動看一眼。

社會是由數字所控制。企業高階主管、法官、政治人物、政府官僚在做決定的時候，最後的依歸幾乎都會是什麼？沒錯，答案就是數字。就是那些常常與事實不符或牛頭不對馬嘴的數字、那些與事實無關或信手拈來的數字，或是那些你想要用來偷渡一些訊息的數字。

讓我們舉二〇一五年的英國大選來說明，畢竟那是一個眾所周知的例子。時任英國首相的保守黨黨魁大衛・卡麥隆（David Cameron）堅稱最新的稅改造福了百分之九十四的家戶，讓絕大多數的英國家庭日子變好了。工黨的艾德・鮑爾斯（Ed Balls）堅稱有孩子的家庭多付了一千八百英鎊的加值稅，而自由民主黨的副首相尼克・克雷格（Nick Clegg，當時英國是由保守黨跟自由民主黨的聯合內閣主政）則驕傲地宣稱有兩千七百萬人減免了八百二十五英鎊的所得稅。誰的說法是錯的？答案是都沒有錯。事實上這三個人的說法都正確，只不過他們都用了非常具有選擇性的數字跟統計。

又或者，我們可以舉二〇一六年的美國犯罪統計爭議來說明。川普（Donald Trump）曾經在推特上轉發了一張圖表，上頭錯誤地宣稱有百分之八十一的白人兇殺案死者是死於「黑人」之手（該圖表號稱資料來源是一個叫「舊金山犯罪統計局」的單位）。這個數字非常誇張跟聳動，特別是考慮到聯邦調查局自身的犯罪統計與這張圖上的說法正好背道而馳——亦即八成的白人兇殺案死者都是死於其他白人之手。但這並沒有讓謠言停止。福斯新聞網政論節目主持人比爾・歐萊利（Bill O'Reilly）曾質疑這個數字完全是胡說八道，而川普的回答是，「嘿，比爾，比爾，難道我得一個個去核對統計數字嗎？跟你說一聲，我的推特帳戶@RealDonaldTrump有好幾百萬人追蹤。」

9-1 定錨效應與判斷力

數字的特質是，它像是被塗了三秒膠一樣緊緊黏在你的腦海裡。特定的數字甚至會卡進你的記憶中，至死都不會消失。年過三十的你多半還記得兒時家中的電話號碼，或是你第一輛車子的車牌號碼。特定數字會像船隻一樣駛進你的大腦，然後在那裡下錨；有些數字則會隨風飄來又隨風而逝。數字也會悄悄溜進你每天要做的判斷之中，它會變成一把不請自來的尺，成為你判斷各種事物的工具，你想不要都不行。

我們才剛提到，我們每天看到或聽到的數字，包括每年因為槍擊而死亡的人數，都會對我們的判斷力產生影響。而這類例子其實還很多。你覺得一頭成年的長頸鹿有多重？假如你剛好不是人群中鳳毛麟角的長頸鹿專家，那你多半會需要天馬行空地瞎猜，而如果我們給你一點線索或一個參照點，那你十之八九會從那裡開始發揮。假如我們問你覺得一頭長頸鹿會比九百公斤重或輕，請你去猜出正確的答案，那理論上你會回答我們一個偏高的數字；但如果我們問你覺得長頸鹿的重量會比兩百八十公斤重或輕，然後請你去猜出正確的答案，那你多半會回答一個低很多的數字。

無論問題的關鍵是馬爾默槍擊人數、核戰的發生機率、股票上市公司的市值大小、抑或是成年長頸鹿的重量，不會改變的都是我們會朝著「錨定點」靠攏。無論這個錨定點是真是假，其出現屬於有意識或無意識，都一樣會影響我們每天做出的決策。

認知心理學者阿默斯・特沃斯基（Amos Tversky）與後來獲頒諾貝爾經濟學獎的丹尼爾・康納曼（Daniel Kahneman）是開始研究這個現象的第一批學者。在他們的一項研究中，受試者首先看到一個輪盤上的球不是停在10、就是停在65，這之後受試者會被要求猜測聯合國裡有多少比例的成員國位在非洲。看過輪盤上的球停在10的受試者會回答比較低的數字（平均值落在百分之二十五），而看過輪盤上的球停在65的受試者則平均給出了百分之四十五的答案。研究顯示受試者以一個讓人意想不到的程度，受到一個與問題本身毫無關連的隨機數字所影響。我們會說數字悄悄溜進我們的大腦中，即便我們不想要都不行，就是這個意思。

你可能會納悶這個東西有什麼重要性嗎，就算數字會影響我們對長頸鹿體重的預估（順便告訴你，成年長頸鹿的體重在六百八十公斤到一千一百公斤之間），就算會影響我們對聯合國非洲成員國比例的估計（百分之二十八），那也不是什麼天大的社會問題，不是嗎？

不是，也許不是。

試想，如果那個卡在你腦子裡的數字是你母國能處理的難民人數上限呢？是未來十年的預期房貸利率呢？或是一名罪犯應該服刑的有期徒刑年數呢？這下子是否就不好說了呢？

關於數字的定錨效應會如何作用在這些問題上，我們還真的略知一二。一系列的研究顯示，若一個數字出現在一場審判的初期，且無論它關係到的是刑期的建議或賠償的提案，該數字都會系統性地影響到陪審團與法官。如果這個數字小，那最後判出來的有期徒刑也往往會跟著一起縮小；如果這個數字大，那被告就會面對被判重刑的風險。在沒有其他資訊干擾的狀況下，人類會使用數字來當作定錨點跟參照點。事實證明，只要一個數字在我們的腦中下了錨，我們想脫離它的牽制就不會是一件容易的事。

同理也適用於政治人物會接觸到的數字，包括多多少少適用於他們端出來給選民看的那些數字。而那些數字是抹不去的。

比方說，研究已經記錄了定錨效應是如何影響專家得出經濟預估值、關鍵比率，以及對未來的展望。有關總體經濟（利率、匯率、預估經濟成長率）的專業預估都對政治人物與民間決策者至關重要，而如果這些預估會受到相關或不相關的數字影響，那我們就會面臨政治人物做出差勁決策的風險。

同時，政治人物掉過頭來餵給我們那些真真假假的數字，又會在有意無意間改變我們對事物的看法，想想這也挺令人心驚的。就拿那些川普提出的夢幻數字，還有那些數字如何影響美國選民來說好了：二〇一九年的一份瑞士研究顯示，人對移民人數的接受度，會隨著被提供的錨定數字不同而出現系統性的改變，這種錨定效應之強，是哪一個政黨在利用這些數字已經不是重點，反正個人就是會受到影響。

已經有好幾份研究顯示數字錨定是一種相當強勁的現象，其影響所及包括各種經濟與政治決定，包括眾人對於聖雄甘地年紀的預估，也包括大家覺得男女翻雲覆雨一次的平均長度，還有伏特加酒的冰點到底是多少。而且不管這個錨定數字是來自其他人（「房仲說類似條件的房子可以賣到五十萬」），還是來自於你自己（「A棟房子價值至少六十萬」），它都會影響你對事情的判斷。如果你想把電視拿去賣個一千元，那你就應該要在廣告上說你的成本是兩千九百元，這樣看到的人會覺得用一千元買到很划算；如果你需要跟人借一百元，那你就開口跟他要五百元——這樣你就可以在他拒絕你之後，再跟他說不然借我一百就好。

順便問一下，你知道你的個性也會決定錨定數字對你的判斷有多大的影響嗎？如果你是一個比較有彈性、逆來順受的人，那你受到數字基準影響的程度就會比較大；如果你喜歡質疑權威，那基準點想帶你的風向就會比較吃力。但無論我們性格如何，數字都會牢牢地連在我們的腦海裡，以超乎我們想像的程度影響我們的每一個決定。

9-2 數字並不科學

數字是具體的、精確的、清楚的，對吧？我們都聽過這種話，或覺得我們應該有聽過這種話。

● 數字不會說謊。
● 數字很誠實、很可控，而且很中性。
● 一個理性且開明的社會，必須建立在數字上，而不應該建立在情緒與個人意見上。
● 我們應該根據數字與事實來做出各種決定。
● 畢竟我們活在一個民智已開的民主社會中。

問題是，數字經常耍著我們玩，而且它還會領著我們去耍著別人玩。在政治辯論中，把數字帶進來的人常常是最後的贏家——風向最後都會被這樣的人帶跑。無論在何種情況下，你都不會想與數字為敵，更何況那數字可能來自一家全國性的統計組織、來自一份研究報告，或來自社會大眾，有著這樣出身的數字，還能有假嗎。

但實情真的是如此嗎？決策者與政治人物（還有你自己）都可能被數字耍得團團轉，又或者你們也可以拿著數字去把別人耍得團團轉，方法還不只一種。下面我們就一起來看看最值得我們去認識的兩種。

9-3 數字會產生錯誤的原因

常見的第一種也是最明顯的一種數字問題，當然就是數字錯了。至於數字為什麼會錯？或者為什麼會誤導人？其實有好幾種（好笑或不好笑）的理由。

人會說謊

不是說人隨時會如此，也不是永遠都是故意的，但人的確會說一些無傷大雅的小謊，或者拿著事實自我審查，乃至於粉飾太平。比方說，在民意調查裡——特別是關係到政治或性這類敏感問題的民調裡，這種小謊言就蠻常見的。一份從二〇一〇年到二〇一二年的英國調查顯示，異性戀男性平均表示他們跟七名女性上過床，而女性平均的答案只有男性數字的一半。這兩邊顯然兜不起來：那七名女性裡面有一半不是英國女人？

這裡我們可以很合理地懷疑受訪的男性與女性稍微美化了他們的答案。事實上在二〇〇三年，就有研究以一種比較優雅的方式凸顯了這一點。研究中，受訪者被問到他們在性事上的習慣，其中半數被連上了假的「測謊器」。結果呢？女性的性伴侶人數從平均二點六人增加到四點四人，增幅高達七成。人常常會在接受訪問時扭曲一點點事實，原因是學者所謂的「社會期望偏見」——說白了就是我們在回答問題時會以受到他人肯定的方式回答，甚至連在回答匿名問卷時都會忍不住這麼做。從政治傾向、宗教信仰到移民等主題，再到關於所得、成績、健康、藥物濫用與避孕器措施等各種問題，我們都會傾向於在「社會不樂見」的行為上以多報少，並在符合社會期待的行為與態度上以少報多。民調不準就是這麼來的。

數字裡存在系統性的錯誤

大部分人都記得媒體與民調專家是如何異口同聲地在二〇一六年的總統大選前一天預測希拉蕊會打敗川普。普林斯頓大學一名可憐的台裔美籍教授王聲宏（Sam Wang）曾如此確信（「百分之九十九希拉蕊會贏」），以至於他宣稱如果贏的是川普，他就吃蟲——結果隔沒幾天，你就在有線電視新聞網CNN的直播中看著他生吞了一隻也很可憐的蟋蟀。「有蜂蜜味，還帶點堅果的嚼勁，」他做了這樣的美食評論。

民意調查的錯誤有各式各樣的原因：抽樣錯誤、樣本數太小、誤差範圍太大、問的問題不對。相同的問題用差之毫釐的方式去問，得出的結果可謂失之千里。像是一九九〇年代初期，CNN偕蓋洛普民調機構報導，有百分之五十五的美國人反對轟炸在波士尼亞的塞爾維亞軍隊；同一天，美國廣播公司ABC的新聞報導說有百分之六十五的美國人支持轟炸。在問題設計上，ABC所做的一點點調整是他們問民眾「美國是否應該『偕其歐洲盟國』對塞爾維亞部隊進行轟炸」，CNN則僅在問題中提到美國自身。同樣會導致誤差的還有賦予問題本身滿滿的價值觀，像是在問題裡以「支持生命」來取代

「反對墮胎」的說法，就很自然地會引發受訪者對本質上相同的事情產生天差地遠的反應。

事實上，即使是簡單如「是」或「否」的二選一，也可以因為兩種相異的措辭，而產生出南轅北轍的數據。比方說在器官捐贈的抉擇上，你既可以給人機會選擇加入（同意器捐請勾選此處），也可以給人機會決定退出（不同意器捐請勾選此處）。同樣的選擇，不同的框定，你還是可以根據自身的喜好進行選擇，但「要不要退出」的問法比起「要不要加入」的問法，前者的器捐同意率往往是後者的兩倍。

我們資料庫裡的數字沒有被正確編碼

數字也常常把電腦逼瘋。還記得千禧年的 Y2K，也就是電腦資料裡的「千禧蟲」嗎？隨著千禧年的逼近，當時的電腦程式設計師意識到電腦可能會將 00 解讀為 1900 而非 2000，而那自然是眾人不太樂見的狀況，畢竟不僅銀行經不起這樣的折騰（他們的利息可能會少計一百年），每一個有賴於正確日期才能順利運作的系統如航空公司、軍方與發電廠，都不敢想像放任這個問題不管的下場。按照你問的人不同，修補千禧蟲問題會花費全世界從一千億美元到六千億美元不等，所以不過分地說，「2000」是人類有史以來最貴的一個數字。所幸最終整體而言，一切的修補工作都算是順利，唯一有出現小問題的是日本石川縣一座核電廠有小小的輻射防護設備失靈。

人也會犯錯。笨拙的手指與編程的錯誤，會導致或大或小的隨機或系統性效應。個人的所得資料、郵寄地址、信用評等都可能被錯誤登記，而這很可能會引發大麻煩。在其他案例中，寫錯程式的後續也是效果十足，像在二〇〇九到二〇一〇年間，英國的公衛登記資料裡顯示有一萬七千名男性「懷孕」了。還好最終有人發現事情不對勁，修正了錯誤的程式碼。

數字的精準性被誇大了

我們天天使用的數字跟政治人物與決策者所使用的數字，當中都牽涉到不容小覷的不確定性，遑論經濟學者與財務分析師了。這種不確定性源自於測量的失誤、統計的誤差，還有就是這些數字往往只是根據不確定的資料所進行的推估。我們不可能會知道將來的利率、房價與電價會怎麼走。但話說回來，這些數字還是會存在，因為我們有價格、預估、分析師、人工智慧、市場，乃至於期貨市場。而且，我們在一個不確定的數字的小數點前後加上愈多位數，這個數字就會看似愈確定、愈精準——英國的平均房貸利率將在二〇二七年達到百分之三點一五，聽起來好像蠻精準的，是不是？但用小數點後兩位數去進行這樣一個充滿了變數的預估，仔細想想還挺荒謬的。

不過，並非所有人都能抓到這一點。看著眼前出現這樣一種精確過了頭的預測，我們往往會奮不顧身地做出過度有自信的決定。在新冠疫情的期間，經濟合作發展組織的《二〇二〇年就業展望報告：勞工安全與COVID-19危機》（*OECD Employment Outlook 2020: Worker Security and the COVID-19 Crisis*）預測失業率將會「等於或高於全球金融危機期間所觀察到的峰值，在二〇二一年底達到百分之七點七，前提是沒有第二波的疫情（如果有，那失業率就會達到百分之八點九）」。實際上在十八個月後，失業率較接近這個數字的一半，而疫情已經來來去去了不只一波、兩波，還是好幾波。

未來原本就極其不確定的，它的走法脫離我們的想像實屬正常。由法國商業藝術家讓－馬克・柯特（Jean-Marc Côtè）在一九〇〇年的巴黎世界博覽會上做出的十一個預測中，只有三個算是賭對了，而錯得離譜的預測則包括我們會「馴化鯨類，將牠們作為交通運輸之用」，以及消防隊會「穿著蝠翼飛來飛去」。許多年後的一九六四年，蘭德公司（RAND Corporation）宣布人類將在二〇二〇年出現動物雇員。蘭德公司的人不是白癡——太空計畫裡有他們的心血，後來的網路發展也有他們的一份功勞——但再聰明的人也會信誓旦旦地做出一些嚴重脫靶的預測。對於科技等會浮動的目標做出斬釘截鐵的預測，本身就是一件風險極高的事情，不信我們來看看《普及機械》（*Popular Mechanics*）雜誌在一九四九年那期是怎麼說的：「在今日，像是ENIAC（電子數值積分計算機，全球第一台數位式電腦）這樣的計算機，裝配有一萬八千支真空管，重達三十噸，未來的電腦或許將只有一千支真空管，而且可能只有一點五噸重。」

看到了嗎？預測就是這麼回事。當一件事情充滿了不確定性時，或許我們就不該安上一個煞有介事的數字。這一點適用於所有的數字與數量，而不僅限於對未來的預估。你看喔，只因為你的三名挪威朋友裡有兩個人吃鯨肉，不代表斯堪地那維亞的全體區民就有百分之六十六點七的人也吃。資料愈是不夠厚實、愈是劣質、愈是不夠有代表性，你就愈不該一口咬定自己的預測精準無誤。比方說，有八成的牙醫並不推薦高露潔牙膏，雖然大家應該都看過那個剛好就這麼說的電視廣告；後來外界才發現，該研究中，牙醫對牙膏的選擇是可以複選的，所以大多數的牙醫不止推薦一款。還有正常的人體體溫並非分毫不差地是攝氏三十七度；除了個別差異以外，人的體溫會在一天當中的不同階段有所起伏，此外像天候因素或月經周期也可能產生影響，由此上下可能差到零點二、零點三度——而這還沒有算進測量方式造成的誤差。事實上，即便有時你的體溫達到攝氏三十七點九度，也不代表你的健康有任何問題，至少你不需要為此請假不上班就是了。

研究可能存在方法上的錯誤

人有好人壞人，研究也不例外，壞的研究可以被理解為「劣質科學」。有的研究明明不夠強，但仍能混進聲譽卓著的期刊，其原因可能是把關不夠仔細、也可能是審查方法論不夠完備，亦有可能是因為舞弊。所幸大多數這類濫竽都能被揭穿並撤除。著名的醫學期刊《柳葉刀》（*Lancet*）上就曾登出過一篇由安德魯・威克菲爾德（Andrew Wakefield）團隊所進行的研究論文，當中把自閉症連結到痲疹—腮腺炎—德國痲疹混合疫苗（MMR），而事後證明這是個錯誤的見解，該篇論文也被抽回。威克菲爾德甚至因此失去了在英國執業的資格。

但自閉症與三合一疫苗之間的「連結」以及相關數據，已經像潑出去的水收不回來了，它已經在特定人士（尤其是疫苗的反對者）的腦中揮之不去，這個結果已經被包裹在一種真理的光環中。那句話是怎麼說的，喔對，無風不起浪。就這樣突然之間，某些人已經看不見在二〇一九年，一項大型研究在觀察過六十五萬名兒童之後，毫無爭議地否定了疫苗與自閉症之間的關連。

大約二十年前，我人在伊利諾州參加一場花園派對，為的是慶祝一名老師剛在該區的大學晉升為教授。當時我年紀尚輕，還是名涉世未深的研究生，我只記得那位老師很優秀、很有幹勁，而且很有自信。食物跟營養都是他極有興趣的研究主題，同時還因為做了關於餐點分量與餐盤大小的研究而聲名大噪。後來他在美國的公部門當中獲得了與營養有關的重要任命，其發言不時會在《紐約時報》等知名媒體上獲得引用。

問題是，作為他研究基礎的若干數字顯然有其不對勁的地方。說白了是他有點硬要把數字兜起來——我們學界的術語叫 p-hacking，也就是所謂的「數據挖掘」[6]。該名老師曾寫了一封郵件給他的研究助理，主要是回應助理覺得在兩人合作的研究中看不到任何有趣的東西。在信中老師是這麼說的：「我不覺得我做過的任何一個實驗是資料第一眼就能『冒出來』的……想想你有多少種不同的辦法可以去切割資料、分析子集合，那裡頭總會有你可以看到因果關係成立的地方。」教授這番話，無異於在鼓勵助理進行那行之有年的學術「搓圓仔」——也就是在資料中上山下

6 譯註：又稱P值操控，也就是濫用數據分析來發覺數據模式。P值在統計學上可以理解為研究結果是巧合的機率，甚或是錯誤的機率，所以愈小愈好。

海，只為了從中喬出某種可以端出去邀功的新菜。通常只要你鍥而不捨，數字裡總能找到能支持你理論的東西，只是時間問題而已。但公私部門以這種「數據挖掘」為基礎去擬定政策或決策，絕對是我們不樂見的事情。

海里格

雖說該教授從未承認自己涉及學術詐欺，但這個小故事已足以將我們傳送到數字可以愚弄我們的第二個主要理由：對數字的曲解。

9-4 先射箭再畫靶

有時候，數字本身沒有錯，但它可以遭到曲解，造成的結果就是根據這些數字所做成的結論與決策會極其瘋狂。數字被曲解的原因可能有二，一個是你在數字中看到了你私心想要看到的模式與連結；另一個則是你著實曲解了數字，也曲解了數字背後的原理。而這兩種陷阱的結合可以極具殺傷力。

讓我們來看看第二種：你將兩個數字或兩個單位的某種連結誤解為一種因果關係。這種搞混了連動性與因果關係的烏龍，是許多學者的最愛，他們最喜歡在晚宴中大家快不行了的時候，把一些令人莞爾的案例丟出來逗大家開心。比如近期臉書上一個叫「挪威農業之友」（Friends of Norwegian Agriculture）的社團，就為這一點做了很好的示範，主要是社團上的一篇貼文寫著：「我們老是被說挪威人吃這麼多肉對身體不好，但這張圖（該篇貼文的附圖）顯示挪威人的平均壽命其實是隨著肉品的消耗量而同步增長。」

各位可以一邊咀嚼這點，一邊聽我們介紹其他的例子。

一九九九年，CNN引用著名的《自然》（*Nature*）雜誌上的一篇研究報導，開燈睡的孩子會有更高的機率在日後罹患近視。撐起這項研究的數字非常清楚：開燈睡是因，近視是果。然而在事隔一段時間後，其他學者深掘這個問題，他們發現家長近視跟兒童近視間存在高度的正相關，並一併注意到近視的家長常常讓孩子夜裡開燈。所以你看到了嗎？家長近視是因，兒童近視與夜裡開燈都是果。一名學者不帶感情地說，「我們認為這可能是因為家長本身視力差。」也許比起睡覺開不開燈，遺傳才是小孩會否近視更具參考性的指標。

在一些因果關係執念較強的主題上，我們能夠先射箭再畫靶地找到論點的佐證。幾十年來，香菸業者都靠著十分可疑的相關性資料在駁斥抽菸與罹癌之間的關係。而反疫苗與陰謀論網站也往往能找到壓倒性的證據來支持它的各種主張，包括疫苗會導致流產。同一時間，這些業者與網站也會刻意忽視一項事實，那就是世間有太多平凡無奇的事情會剛好也平凡無奇地一起發生：接種疫苗的孕婦何其多，自然流產的案例又何其多，所以為數不少的女性會在接種完疫苗的二十四小時內流產，其實沒什麼好大驚小怪，就是剛好而已。如果你還是不放心，那請容我告訴你，科學研究已經扎扎實實地證明了孕婦接種疫苗是安全的，不是「普通安全」或「還算安全」，是「非常安全」。

那篇關於平均壽命與肉品消費的臉書貼文，你已經花時間思考過了嗎？除了人的壽命變長跟吃肉量變多，你還能想到其他數字也在一九五〇跟二〇二〇年之間由小變大嗎？吃肉變多有害健康跟人的壽命變長，這兩件事有沒有可能在理論上其實並不衝突？

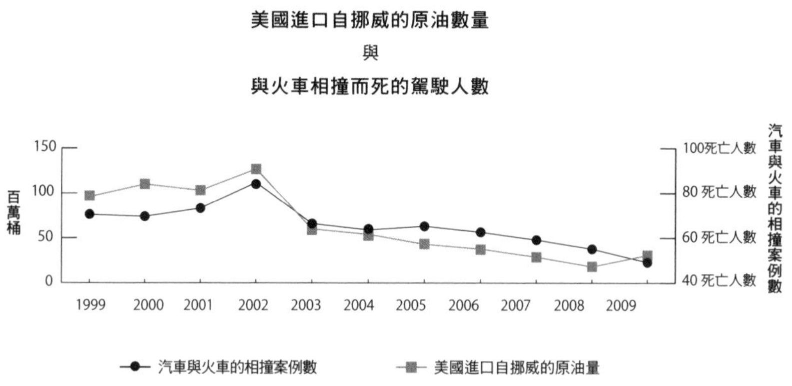

資料來源：學者泰勒・維根（Tyler Vigen）

「相關性」與「因果關係」之間的差異是很好用的笑話哏。比方說，美國人的起司消耗量高度相關於每年被床單纏住因而死亡的人數，但你會說這兩個數字間存在因果關係嗎？應該不至於吧。然而，在其他的連結中，當兩個數字在邏輯上有著千絲萬縷的關係，而且會同步變化的時候，那就連經驗豐富的學者都會被糊弄，會假定那當中存在著一種實際上不見得存在的因果關係。這種事天天發生在企業裡、組織中、政治論戰裡，還有家家戶戶的晚餐餐桌上，而且討論的主題包山包海——人工流產、疫苗、經濟、營養品的補充，乃至於肉類的消費。

身為人類，我們還有一種傾向是會在讀取數字時受到自身價值觀與政治立場的影響。有時候我們閱讀數字，會像是惡魔翻開了聖經：我們常希望數字可以告訴我們一些言外之意。心理學家時常論及兩種互有關係的現象，一種叫「認知偏誤」（confirmation bias），另一種叫「動機推理」（motivated reasoning）：我們會傾向於去尋找，乃至於強調那些能確認我們自身論點的數字與發現。比方說你喜歡葡萄酒，那你就會看重那些宣揚酒類有益健康的研究，而提醒飲酒有其風險的研究則會被你放在一邊。你不會想點開那些說喝酒會致癌的文章。假設你不相信氣候變遷是由人類造成的，那相關的數字在你的眼中跟那些全心擁抱的人眼中，就會像是兩種東西，你們像是分別戴上了兩副不同的眼鏡。如果你支持川普，那CNN報的就全是假新聞。這是一種任誰都可能不小心掉進去的洞。假設你在挪威養肉牛，那你跟素食人士讀起那些關於肉品消費跟平均壽命的數字，內心就會是兩樣情。

但就算是「數字宅男宅女」，也難免會掉進認知偏誤的陷阱，只是他們掉進去的方式可能跟你想的有點不同。二〇一七年的一項研究顯示，數學好的人會更常用他們的能力去解讀與自身世界觀「有衝突」的數字與問題。這是不是有點反直覺呢？對於那些能確認他們觀點的數字，他們反而不會投注太多心思，會不假思索地接受那些數字。也就是說，數字宅宅會優先剖析那些「與他們為敵」的數字，行有餘力再去分析那些支持他們觀點的數字。而這也就證實了一點：人會選擇性地去進行推理，並因此陷入認知偏誤的陷阱。

那麼政治人物、企業高層，或者是你的老闆呢？你覺得他們也會偶爾陷入認知偏誤的陷阱，選擇性地只去看那些支持他們觀點的數字嗎？他們會時不時根據同樣的數字，得出一個跟其他人都不一樣的結論嗎？他們會在嚴格講只存在共同變化的兩個現象中，主張當中具有因果關係嗎？他們會偶爾用純粹錯誤的數字去支持自己的想法嗎？

答案是會的。只要他們是人，那他們就會。與此同時，職場上與組織裡有愈來愈多的決定，是根據數字與新的測量方式做成。

所以，就讓我們一起來多看兩眼吧。讓我們看看在這個社會裡，我們可以如何去相互測量，也相互量化。

9-5 行為心理學與評量

一九二四年，在美國伊利諾州的西塞羅（Cicero），西部電力公司（Western Electric Company）的霍桑工廠員工正要去上班，也即將參與一場最終將延續將近八年，而且受到廣泛討論的生產力研究。這項研究的目的是要了解工作環境的改變會如何影響勞工的生產力。

學者以一種系統性的方式，透過他們的控制，調整勞工的工作環境來進行實驗。首先學者調整照明亮度，有些勞工的照明被改變了一段時間，其他人則否，然後學者評量了勞工的生產力表現，結果是照明有過變化的人，其生產力變高，而且這還無關乎改變的方式。實驗還沒結束。在照明亮度保持恆定的控制組裡，生產力也提高了！霍桑工廠研究的驚人與玄妙之處就在於，無論學者怎麼去改變各種變數，實驗組與控制組的生產力都會持續增加，幾乎不受影響。

在早年的心理學與組織行為學教科書中，這被稱為是一場「照明實驗」，而實驗中的現象則慢慢被稱為「霍桑效應」——人一旦受到觀察，其行為就會有所改變。自從一九三〇年代以來，學者就不曾停止辯論上述實驗結果的成因、被使用的研究方法，乃至於霍桑效應究竟存不存在。今天幾乎所有的學者都同意在被觀察或被測量的狀態下，人的努力程度、短期表現，再到他們的行事偏好與優先順序，大大小小的事情都會受到影響。

從那之後，評量與數字就從各個層面鑽進了我們的職業生活，也鑽進民間企業、軍隊、志工團體，以及公家機關如學校、警局與醫療院所。而隨著科技的持續發展，數字愈變愈多，評量的行為則隨之愈來愈普遍。我們活在當中早已見怪不怪，甚至覺得理所當然。

我們把數字當寶，一邊評量、一邊還拍手叫好。

在我小時候，某段時間電子錶突然紅了起來，它不僅可以顯示時間，而且還可以播放各國國歌——我不確定那有什麼用處，但感覺就是很酷。但更酷的是電子錶新加的計時功能可以數到百分位數，還可以計算單圈的跑步成績。哇，我們因此什麼都要計時了！我們在學校自助餐裡排了多久的隊？吃完一顆肉丸要花多少時間（學校嚴格規定一個人最多能拿十顆）？嗑一根胡蘿蔔棒又要多少時間（我們一人吃了十根來比較，而跟肉丸不同的是，時間會一根根愈來愈長）？一個眨眼的時間有多長（這需要多次嘗試來測量，但我還記得平均眨一次眼是零點一九秒）？

麥可

我們有辦法評量大大小小的事物，不代表這麼做就是對的，也不代表我們每次評量的都是該量的東西。再者，評量本身往往是得付出代價的。HBO劇集《火線重案組》（*The Wire*，一譯《監聽風雲》）裡對此就有過一種反烏托邦但不失其娛樂性的描繪，觀眾可以從中看到把評量導入公部門內會導致何種不堪的結果：警方是如何執著於達成他們的績效目標，以至於他們在效率跟道德上都因此沒了下限。在現實生活中，教師被迫專注在學生要接受的國家考試與評量上，結果就是他們發現其他方面的學習已經蕩然無存。政治人物為警察設下了不切實際的業績目標，以至於真正迫切的犯罪偵查遭到了擱置，複雜的案情遭到了掩蓋，最終能破的都是些雞毛蒜皮的小案。

前幾章行文至此，我們已經看過了測量合不合宜、效率是高是低的一般狀況。我們看到測量可以讓外部動機壓抑我們的內在動機，也看到測量可能會讓我們對原本樂在其中的東西興趣缺缺；我們已經見過了在職場上，測量與績效紅利可以倒打自己一耙，而且對人進行測量與量化的過程會產生讓人意想不到的副作用——我們會開始作弊、變得更自大、針對實際上被測量的東西來調整自己的行為。這些狀況在員工與組織之間，肯定也看得到。

9-6 評鑑霸權

打工仔會很樂於調整自己的努力去迎合那些能輕鬆換得獎勵的數字，那當中可能包括關鍵的績效指標、反應時間、客戶滿意度，或是愈低愈好的失誤率。企業與組織也不遑多讓，大專院校會優先開設高人氣的課程，優先投稿給評分最慷慨的科學期刊，也會小心翼翼地調整治校策略來符合國際排名與認證的評鑑參數——因為政府的補助就取決於這些評鑑的成績，甚至連醫院也會在病患、手術與介入治療排序上顧及何者最能在給付體系中給予最豐厚的點數回饋。

你以為醫院不會讓自己受到評鑑霸權的影響嗎？嗯，你可知道在英國，醫院甚至已經開始讓病患待在救護車上，為的就是配合一種新的獎懲系統，主要是若病人沒有在抵達醫院的四小時內獲得治療，那醫院就會遭到罰款的命運。結果呢？結果就是救護車在醫院外大排長龍，直到車上的病患可以在入院後四小時獲得治療的時間為止。在美國，甚至還出現過病患被人為維持生命達到三十一天之久的紀錄，只因為病患術後活不到三十天，手術將無法申請給付。

醫療的例子讓我的故事顯得有點不足掛齒。我十幾歲時的一個暑假，在一家漢堡餐廳打工（為了大家好，我就不說是哪家了），那家餐廳追求永續經營與廢棄物減量，所以身為員工的我們每次丟棄東西（像是炸太久的薯條或客製化錯誤的漢堡），都要拿筆記錄下來。此時正值盛夏，而餐廳肯定人手不足，不然我也不會連續幾周都被交付這項職責。毛都還沒長齊、刮鬍刀也還不太會用的我突然覺得壓力山大，我必須得讓本子上的丟棄數字愈低愈好。我的解決之道？我嗑掉了不新鮮的薯條、沒做對的漢堡，一點屑都沒留下，這樣我就什麼都不用扔掉了。我化身為大胃王。所幸最終我在這項職務上也只待了幾周。

麥可

你可能覺得官員跟企業之所以要開違停罰單，主要目的是從安全與環保的考量出發，確保車流順暢，或是要避免有人對停車的規定產生誤解。但實際上，他們開單只有一個考量，也只有一個很好評量的指標，那就是開單的數量——開出的單子愈多張，停車公司的能力就愈強。

許多年前我因為把車停在距離十字路口四點五公尺的地方，而被開了一張違停罰單。罰單開出的時間已經過了凌晨十二點，而且當時還是隆冬。因為填寫申訴有益身心健康，所以我就這麼幹了。想當然，申訴沒有得到接受，最終我聯繫上客服中心一個聲音溫柔的客服人員，而她告訴我，不違規的距離是五公尺起跳，但轉角究竟從哪裡開始可能不好看清楚，畢竟三更半夜戶外烏漆墨黑，而可憐的開單員必須要工作到深夜。電話講著講著，客服人員也偷偷承認了公司的盈虧有一點不理想，所以他們只好在罰單上多衝一點業績。她建議我十二月開車出門時，停車要小心再小心。

海爾格

9-7 管理與量化

「無論你想管理什麼，都得從測量出發，」管理大師彼得・杜拉克（Peter Drucker）曾有過這麼一句名言。然而在公司與各種組織裡，關於數字的一個挑戰是：我們很容易看到最好量化的東西，然後就開始評量這個東西，眼裡也只剩這樣東西。很多人批評新一波的公共管理，也就是把公部門當成民間企業一樣去經營、量化跟評量的作法，批評的人直言公家機關就是公家機關，不是將本求利的商家；公部門有其複雜性，有眾多的考量與多方的利益要顧及，只專注在一個數字上，往往會讓整個公部門「機器」的某些重要區域失去其固有的資源與能力。

組織能建立數字與評量文化的根基，來自於三個不成文的假定：首先，將以經驗為基礎的主觀評估轉變為標準化的數字與規定，是有可能且有必要的；其二，數字給予可預測性與透明性，可以確保組織能更順利地達成目標；第三，想激勵員工跟控制員工最好的辦法，就是透過金錢或聲譽的形式，把獎勵跟懲戒連結上他們的工作表現。

回想一下我們稍早在本書中所看過的問題，那些同時連結到人的先天缺點與數字之間不穩定性的問題，我們實在很難一眼就看出這三種假設能夠永遠成立。數字可以三兩下就搞砸我們的如意算盤，當然也可以搞砸組織團體的如意算盤——而那當中的問題就出在數字被量化跟被評量的方式，也出在數字被使用跟被詮釋成重要決定的方式。

如果你說什麼都一定要評量跟數算，那何不評量有趣與能激勵人的東西呢？就以一個很乏味的數字來講好了，國民生產毛額（GNP）是大部分國家用來當作發展與進步指標的數字，但要是我們一不做二不休，把GNP換成縮寫是GNH的國民幸福毛額呢？不丹作為山巒層疊間的一個年輕國度，就是這麼幹的，他們換掉了國民生產毛額，導入了國民幸福毛額來作為該國發展狀態的量尺。挺酷的，是吧？

雖然……其實我們已經搶先不丹那麼做過了。我們定期評量了人的幸福程度，結果發現在經過了一段時間後，他們的幸福程度會開始一次次下降。搞屁啊。

很顯然，我們的社會還沒有真正掌握住數字跟評量的精髓，讓它為我們所用，所以我們在這一章的結尾仍然要繼續把建言包裝成疫苗，幫各位打一針：

1. 對數字要抱持批判的態度。數字不見得正確，數字可以遭到曲解。
2. 要明察所謂的定錨效應。數字會被植入我們的腦中，影響我們的各種決定，結果就是有人會倒楣地被判了更長的有期徒刑，有人會買到更貴的房子。

3. 謹記所謂的動機性推理與認知偏誤。所有人對數字跟連結的解讀都是主觀的，其根據都是自身的觀點、價值與目標。

4. 數字會導致比較與競爭。仔細想想於公於私你想要在哪些方面對自己跟別人進行評量，也想想你想要跟「誰」或跟「什麼」比較。

5. 十二月開車出門時，停車要小心一點。

一路來到這裡，最後一個大哉問是：我們真的需要評量跟量化身邊的大小事嗎？抑或讓這個世界恢復得神祕一點、抽象一點、主觀一點的時機已來到？

Chapter

10

數字是人為的

耶穌的出生並不是在第零年。祂出生的那年，其實是第三七六一年，因為當時的時間算法是根據希伯來的曆法。耶穌的生年是第三七六一年的狀態維持了五百年，直到僧侶狄奧尼修斯・伊希格斯（Dionysius ExInstagramuus）決定要以耶穌的降生為元年來重新紀年。但即便如此，耶穌也沒有誕生在基督紀年的第零年，因為零這個數字在當時還沒有發明出來（嗯，歷史學者認為在耶穌誕生的三年前，第一個零現身在了美索不達米亞平原，七年之後，馬雅人之間也出現了零的概念，但此後要到十二世紀，零才會真正進入到西方文明世界）。事實上，我們現代人的曆法還是沒有西元零年；不信你去看看，我們是直接從負一（英文寫成1 BC，其中BC等於Before Christ，也就是在基督誕生之前）跳到了正一（英文寫成1 AD，其中AD等於拉丁文的anno Domini，也就是基督紀年之意）。換句話說，耶穌基督比以祂命名的紀年還晚出生一年！

你可能會納悶，這跟我有什麼關係？我們想要表達的是，人類用來計算時間的數字、這些與人類存在最息息相關的數字，是人為發明出來的。你跟耶穌的一個共通點是有人為你們的存在創造出了數字。祂先是出生在希伯來曆法的第三七六一年，然後變成出生在主後一年，而你則多半出生在一九五〇年到二〇〇〇年前後之間。搞不好再過個五百年，又會有某個人發明一套全新的紀年系統，到時候你出生在哪一年的講法又會不同。

同理也適用於紀年以外的數字。詮釋我們身體、自我形象、表現、人際關係與生活體驗的各種數字，都是人的發明，這包括貨幣、量尺，還有各種真相。這當中或許有些是你個人的發明，但更多是其他人或機器的作品。總歸一句話，它們是人發明的。

我們給你的建議便是基於此點，你偶爾要提醒自己一下，我們已經在本書中塞滿了各種令人莞爾也令人心驚的例子，讓你明白數字的影響力，而我們對這些作用在我們身上的影響力往往毫無所悉，畢竟數字在我們的生活中已經不足為奇，我們不會去質疑它，我們覺得我們就等於那些數字；但就像所有的虛構物一樣，數字並不能完美地與現實對應，它有其局限，而且還不是只有一點。

10-1 數字並非永垂不朽

首先第一點，數字沒有永世不滅的屬性，它隨時都可以改變。時間長存於世間至少長存於了我們已知的過去將近一百四十億年，也就是跟宇宙同歲，但時間的御用數字則改變了好幾次。以年來數算時間的數字原本已經累積到四千了，然後一口氣又縮水到只剩（大約）五百，就因為狄奧尼修斯按下了重啟鍵，發明了一個新的紀年。而在一千五百年後，我們把時間快轉到了幾十億或上百億年，只因為天文學家找到辦法去測定宇宙的年齡（它老人家的歲數可是遠大於耶穌出生至今的那一小剎那）。搞不好沒過多久，我們就會又想到新的數字供時間使用，畢竟二〇二〇年諾貝爾物理學獎得主羅傑・潘洛斯（Roger Penrose）認為在我們現行的宇宙之前肯定已經有過一個宇宙，由此時間的長度又可以再延伸個幾十億年（希伯來曆三七六一年跟主後一年的差別，一下子就成了枝微末節）。這些時間尺度的變動，感覺像一場場科學革命；但事實上並非如此，這些幾千年、幾億年的光陰，一直都作為古往今來的一部分存在著，差別只在於我們有沒有替它發明新的數字。

所謂的一年，曾經只有十個月之久（不然你以為十二月作為一年當中的最後一個月，為什麼會叫作December，拉丁文裡的decem就是「十」的意思）。一年會從十個月變成十二個月，是因為古羅馬人為了使其與太陽年對得上，才又加了兩個。中世紀的挪威與瑞典（挪威—瑞典王國在一九〇五年才解散）每百年都會多出一天，直到十八世紀，這兩個國家才放棄了原本每個世紀年（逢百之年）都置潤一天而永遠都跟太陽年對不上的儒略曆（儒略曆本身也是對過往曆法系統的一次改革），改用除了正常的每四年一潤以外，每四個世紀年才潤一次的格里曆（即每四百年，格里曆會比儒略曆少潤三天，這也是兩者唯一的區別）。而為了與早就改用格里曆（即現行的公曆）的其他國家同步，我們在斯堪地那維亞換曆的那一年，二月只有十七天而已。

此外還有很多例子可以說明數字何以並非永垂不朽。就拿體育的世界來說好了，如果你去Google近幾年的體操比賽或花式溜冰競技，看看當中得到十分滿分的表現，我想你會合理懷疑那些影片是不是電影特效，畢竟選手的表現實在太出神入化了。但如果你去看一些二十世紀前半的黑白奧運影片，那你可能會覺得當中的某些十分有點灌水，甚至會想說，「嘿，這找個教練教我，搞不好我都做得出來。」當然啦，我相信你九成九還是做不出來啦，但那不是重點，重點是現在的體操要比從前難上很多。拿兩個時代的滿分相比，就像是蘋果比橘子，又或者是火柴棒比電腦，基本上它們是功能一樣的東西，但效能差異大到全無可比性。

說起效能，就想到表現，而說起表現，就讓人想到一九五八年世界盃足球賽的瑞典。瑞典在那年驚人地拿下了亞軍，只不過十六隊中的亞軍跟現代世界杯中的亞軍，完全不可同日而語，要知道現在的世界盃有三十二強同場競技，世界足總還規畫未來要把比賽擴大到四十八強。網球就更不用說了，計算網球世界排名的演算法已經在過去二十五年中改變了五次（考慮到時代的變遷、哪些比賽納入分數計算，以及不同賽事的權重設計），由此不同時期的排名數字根本不是同一回事。

你賦予自己的數字也不是亙古不變的。就拿看電影來說好了，我相信你們很多人都是無可救藥的龜毛影評與美食家。你從前給過一部電影或多年前一頓晚餐的五顆星，今日可能只值四顆星，或者你要是再嚴格（難搞）一點，可能只剩三點五顆星。五星體驗拉到今天，跟當年已經是兩碼子事了。

10-2 數字並非放諸四海皆準

接著你應該要提醒自己的是數字並非普世的存在。這裡我們可以再把時間搬出來當例子。寫書的此刻，並非對所有人類都是二〇二〇年。希伯來曆在基督紀年後仍沒有停止運行，它已經滴答滴答地來到了五七八〇年代。穆斯林的曆法則處於一四四〇年代，至於北韓的曆法就落後更多了。北韓的紀年才剛開始數而已，連一一〇年代都還沒有結束（主要是對北韓人而言，時間開始於金日成出生的那年，而那是一件我們大多數人都沒印象的事情）。前面提到挪威跟瑞典曾為了曆法與世界的同步問題而有某一年的二月短了十一天，但這某一年其實是某兩年，因為這兩國根本不是在同一年進行這樣的調整：挪威是在一七〇〇年進行曆法的修改，瑞典則是在一七五三年。雖然我們從頭到尾都在同一個宇宙裡的同一顆行星上生活，但我們對時間的計算卻有著完全不一樣的系統。

另外一個數字並非普天下都一致的線索是各種貨幣的存在。根據你人所在地的不同，購買《經濟學人》（*The Economist*）雜誌會是不一樣的事情，同一本雜誌你在美國買，硬是會比在挪威或瑞典貴，至少在票面上如此，因為美元的面值數字就是比瑞典跟挪威克朗來得小一點。還有，雖然消失在你帳戶裡的價值是完全一樣的，但變窮六美元跟失去五十克朗比起來，前者就是不痛一點，因為我們偶爾會忘記數字並非放諸四海而皆準，我們本能地覺得數字6就是比數字50的價值低。學者稱這種現象為「面額效應」，意思是錢這東西無論你人在哪裡，都含有相同的價值，沒有人會因為過了條國界就瞬間發財或變窮；但實際上是我們人在不同的國家，手上的錢就會呈現出不同的面額，而我們在腦中會覺得那些面額具有相同的意義。在實務上，這會造成我們在小面額的國家多花錢，在大面額的國家少花錢（但其實我們的財力並沒有任何改變）。

我們在美國買的《經濟學人》要比在北歐更貴一點，因為美國雜誌的經銷商會把價格設在5.99元，這也就是所謂的「心理定價」（這有點像前面提到過的心理年齡跟魔術邊界，也就是說我們會更看重位數在前面的數字，還記得嗎？），商人只要降價一美分，就可以讓前面的位數數字從6變成5，好讓消費者產生一種雜誌變便宜很多的幻覺。同理，在挪威跟瑞典，經銷商會把雜誌價格訂在49.5克朗（這相當於降價五美分）。實際上還真有在大學教授經濟學的經濟學人（不然呢？）拿《經濟學人》當相關研究的觀察對象，就像他們也研究早餐玉米片等各國都有的商品，這些都是為了凸顯商品在不同國家有不同的定價，但其實它們的價值應該是一樣的。造成這種不一致的現象，就是它們在心理定價上有不同的魔術邊界與甜蜜點。

數字並非放諸四海皆準的第三項證據，當然就是那些你賦予自己的數字。人們不僅龜毛，還會偏愛特定的數字。如果你的自我認同是女性，那你就會傾向於用偶數給去飯店打分數，而如果你的自我認同是男性，你會傾向於給你有著同樣體驗的同樣一間飯店奇數的評分。由於每個人都習慣把偶數往上無條件進位，而把奇數無條件捨去，我們便不難理解何以女性更常給出高分。

此外，我們指派的數字也存在文化差異。比起歐洲人，亞洲人更傾向於選擇偶數，也更傾向選擇範圍內位處中間而非兩端的數字。因此在一到十之間的評分裡，亞洲人的六相當於歐洲人的七，而亞洲人的四可以等於歐洲人的三。

10-3 數字並非永遠正確

聰明如你會知道要提醒自己一件事情，那就是數字並非永遠正確。至少不會自動變正確。我們已經知道了人傾向於相信被賦加上數字的事物。但無論用心再怎麼良善，人孰能無過（畢竟決定使用什麼數字跟怎麼去計算數字的，永遠是人）。

我可以拿件事再蹭一下耶穌嗎？我已經壓抑自己的數學宅男屬性至今，但畢竟這是這本書的最後一章了。

我去研究了何以在沒有Google也沒有其他查詢系統的狀況下，那名僧侶能在事隔五百年後那麼確定耶穌出生的時間。結果我什麼情報都沒有找到，倒是發現了學者似乎有一個共識是：狄奧尼修斯的計算肯定錯了。但他們只是對耶穌的正確生年究竟應該是哪一年沒有共識。歷史學者認為耶穌肯定是生於西元前四到六年，因為希律王下令殺死所有的新生兒，就是在那一年（聖經顯示這道命令跟耶穌的出生有關，因為耶穌就是那個在郊外穀倉逃過一劫的寶寶）。另一方面，天文學者覺得閃耀在穀倉之上的伯利恆之星，肯定是西元前五年時緩緩通過伯利恆上空的那顆彗星，不然就是在西元前二年發生的金星與木星會合事件，因此小耶穌一定是誕生在這幾年之間。而這麼一來，就代表耶穌是「實實在在」地走在自己的時代前面了。我們用來展開公曆的數字一（那個其實應該是零），事實上應該是負五或也許是負二（要不然就是負四或負六）。

麥可

我們大多數人都很不善於數數兒，特別是遇到大數目的時候。你可能還記得，人腦的架構就是用來處理我們在日常生活中會遇到的尺寸與數量，也就是那些我們可以用巒小的數字去往上加的尺寸跟數量；而當遇到看起來幾乎一模一樣的大數目或超大數目，我們便很容易會誤導自己，或是掌握不住這些數字。假設我們跟你說1,000,000（一百萬）秒等於十三天，那你覺得1,000,000,000（十億秒）會等於幾天？我想八九不離十，你應該不會覺得那等於三十一年（這就是標準答案）；並且我們相當有把握你會覺得1,000,000,000,000（一兆秒）要遠小於三萬一千六百八十八年（這也是正確答案）。

當數字大到一個程度，會導致我們沒有辦法與之產生共鳴，也沒辦法進行區別，就是因為這個原因，很多人才會對高速失去感覺，產生所謂的「速盲」——我們無感於自己車開得很快；還有人會因此借了自己還不起的金額（200,000美元感覺跟100,000美元好像也差不多）；也有人會賭輸太多錢（輸掉100,000美元根本沒有輸掉十個10.000美元的實感）；更有人會在股市裡讓幾十億美元瞬間蒸發（目前的紀錄保持人是美國投資銀行摩根大通〔JP Morgan〕的一名營業員，他在二〇一二年賠掉了九十億美元）。

機器也可以攪亂一池春水。二〇一一年，《蒼蠅的構成》（*The Making of a Fly*）變成了世界上最貴的一本書，主要是該書的定價在亞馬遜上升至了將近兩千四百萬美元。這本講述遺傳學的作品在一、兩天前的售價，不過是三十五美元而已，而且也不是真的有人拚了命要刷卡買書。事情的真相是有兩家書商用了同一種演算法在搜尋對手的書價，然後用一點三倍的價格去賣書（當有人訂書的話，這兩家書商就會從對手處購書，然後宅配到自家客戶的手中），於是每次其中一家書商的演算法把書價變成一點三倍，另外一家書商的演算法也會把書價再乘上一點三倍，以此類推（要讓書價突破天際，並不需要乘很多次一點三倍）。

去年夏天我們一起跑了一場數位賽跑，這裡的「我們」指的是我們一家人，數位賽跑指的則是我們可以像無頭蒼蠅一樣隨意亂跑，衛星定位系統會自動計算我們何時跑足了十公里，衝過那條看不見的「終點線」。我們決定一起跑，然後大家一起衝線——我是說我十幾歲的女兒、十幾歲的兒子、我太太，還有我（這在現場人山人海的「正常」路跑中，是絕對做不到的事情）。但當我女兒跟我在幾乎同時間收到一則訊息說我們距離終點只剩兩百公尺時，跟在女兒旁邊的我兒子跟他媽媽卻離終點線還有六百公尺。最後姊姊足足贏了弟弟一分鐘，而且還在「虛擬體育場中多跑了一圈來接受勝利者才有的歡呼」，而弟弟卻只能用衝的衝完最後四百公尺。他們姊弟的感情可沒有因此大躍進。至於會有這種誤差是因為我們家人用的手機款式不同、還是因為我女兒真的「比較會跑」、還是有第三種完全不一樣的原因，我們最終也沒有破案。

麥可

10-4 數字並非永遠精準

把這句話緊記腦海，對你絕對是無一害而有百益：精準的數字絕非天經地義。數字讓人感覺很精準，小數點後面還有十分位百分位什麼的，問題是那些小數點後面的數字，常常也是四捨五入過的。就拿用來計算圓與球體的常數 π，也就是圓周率來講好了，大家都知道圓周率是3.14，但嚴格講那並不是真正正確的數字，因為有人會說圓周率應該是3.14159265。普通的數學宅到此就不會再追究下去，但如果是要參加記憶力比賽的人，那他或她就可能會劈里啪啦繼續再追加個幾百或甚至幾千位數。

所以圓周率確實是3.14，但也並非剛剛好是3.14。這個問題可大可小，如果你今天是要設定火箭太空船從地球飛到火星的航道，或是要幫宇宙定年，那這個問題就會比較大，因為圓周率差一點，航道就可能誤差幾百公里，宇宙的年齡則可以差到十億年（不信你去問太空總署）。

高中的時候，我記得我們全班被狠狠罵過一頓，主要是我們在數學課上給數字四捨五入的時候，表現得太輕鬆隨便。當時是一九九一年的秋天，地點在挪威的斯塔萬格（Stavanger）。我們的數學老師跟那整個區域的人之所以會對四捨五入這麼大驚小怪，不是沒有原因的，他們才剛歷經了各式各樣的壞事，背後原因都是計算四捨五入時出了差錯。一名同學跟他的家人之所以要離開斯塔萬格，就是因為一場計算烏龍：他父親曾經在海上鑽油平台Sleipner A號的混凝土基礎建設中擔任過計算的要角，那座混凝土基礎造價十八億挪威克朗（約五十三億台幣），卻在轟然巨響中解體並沉沒於峽灣之中，威力大到遠至卑爾根（Bergen）都能感覺到在芮氏地震儀上高達二點九級的震度。這種事情是會留下陰影的，特別如果你是某個謹小慎微的數學老師的話。

雪上加霜的是另一次四捨五入的失誤在同一年的海灣戰爭中，造成美軍二十八人死亡跟一百人受傷的慘劇。美國的愛國者導彈防禦系統把數字拆分到了小數點後面二十四位數（然後才四捨五入）；這數字聽起來已經細到不能再細了，但我們的數學老師向我們保證，如果你今天是要確認被發射出去的飛毛腿飛彈在哪裡的話，那四捨或五入的差別就會大到不能再大。

我從此不敢拿這種事情開玩笑：任何時候我都會盡可能寫下夠多的小數位數，或者索性把數值表達成分數，免得有人會性命不保，或是什麼地方會突然轟然倒塌。

海里格

為免這些四捨五入的例子讓大家聽得有點頭昏腦脹（畢竟前面我們已經討論過身為人類，我們是出了名地不善於理解這些大得不像話或小得不像話的數字），我們來說些比較有親切感的東西吧：只因為你給了一部電影四分，並不表示這部電影就跟其他被你給了四分的電影一樣好，這能理解吧？會這樣給分是因為分數表上你只能選擇三、四或五，所以你只好選了四。不然某部電影更應該是三點五分（而你將之進位只是因為偶數比較美）。就這樣，兩部明明感覺很不一樣的電影，兩部原本應該是三分或四分、或是四分跟五分的電影，就這樣都變成了四分！

同樣瘋狂的事情還會發生在你把別人給的評分拿來平均會得到的結果。假設你是個可憐的教授，得接受RateMyProfessor.com的品頭論足，然後半數學生給了你三分，另一半學生給了你五分，這樣你的平均得分就是四分，對此你可以解讀為全體學生覺得你是個還不錯的老師，但實情是半數學生覺得你是個很普通的老師，而另外一半學生愛死你了（或者類似的狀況）。又或者你是一個有點「劍走偏鋒」的老師（這說法比起拿來形容教授，或許會更適合拿來形容喜劇演員），然後一半的學生給你一分，而另一半的人給你五分，那在不明就裡的人眼中你就是個三分的老師，換句話說，你在一群普通的脫口秀演員跟普通的老師裡頭，也是很普通的一個，閱讀的人會把螢幕繼續往下拉，不會注意到你，但其實你應該是個很不一般的人物，否則也不會得到兩極化的反應。

你把自己打的各種分數拿來平均，也會產生類似的問題。你去吃了一間餐廳，然後給了那裡四分，但那當中包含著食物的五分、服務的四分，還有廁所乾淨程度的三分；如果你不考慮洗手間，或者那天晚上剛好不需要上廁所，那這間餐廳可能更接近你心目中的五分。無論如何，四分都不能精準地反映你當天的用餐感受，那只能是各種元素的綜合結果，並且對任何想要從你的評論去判斷餐廳好壞的人，都不能提供方向，甚至還會有所誤導（四分？所以餐廳各方面都還不錯？）——美食家可能因為四分而跳過了這家食物很有水準的餐廳，而胃腸較弱且經不起細菌折騰的朋友則可能因去了那裡，結果昏倒在廁所。

10-5 數字不是客觀的

寫到這裡，我們就可以來談關於數字的最後一點了：數字並不客觀。好，三片水果永遠就是三片水果，這個片數是客觀的；但如果三這個數字是用來評論水果的滋味好壞，那它當場就會變得主觀起來，即便它身為數字的外形並沒有改變。（甚至我們講究一點，形容水果有三片的三也可以帶有主觀，因為如果那些水果裡的其中一片是番茄，有些人可能會將之當成水果〔畢竟番茄有可以保護種子的外皮〕，但也會有人根據一八九三年的美國最高法院判例，而將番茄視為是蔬菜。）

你選擇用來評論某個事物的數字，不僅會受到你主觀品味的影響，還會受到其他主觀因素的牽動，像是你當下正好處在什麼樣的情境，心情是好是壞。如果你剛好在地上撿到錢，那你對自己的前途可能會給出比較高的分數（還真有研究此以為題，因為當年銅板還非常常用，也很常掉在地上）；如果那天豔陽高照，那你當天給自己的工作表現也會打一個稍微高一點的分數（別懷疑，也有研究以此為題）；而如果你所屬國家的球隊在昨天的世界盃足球賽中贏了，那你可能會更滿意於自身的財務狀況與整個國家的經濟表現，進而給現任政府打一個較高的分數（如果你是德國人的話啦，因為大部分這些研究都恰好拿德國人當樣本）。肚子餓的時候，你會幫正在吃的東西打一個比較高的分數（這感覺很合理），但對你正在看的電影、當時習慣用的洗髮精，還有穿在腳上的鞋子，都會打一個比較低的分數（這點已經在測試中被證實過了，當然我們還是想提一句，受試者並沒有一邊洗頭髮、一邊吃東西）。

10-6 數字（說來說去）還是很了不起

所以，我們已經傾囊相授，希望本書的種種建議能讓你在數字流行病中多一些遊刃有餘的空間。

面對數字流行病，我們並不覺得應該誅連數字的九族，從此什麼都不量、不數、不比較；我們只是需要學著用更聰明的方式與這些數字現象共處，因為數字絕對是一種很了不起的東西。我們一一介紹了圍繞著數字的陷阱與風險，但如我們在引言中所說，我們並沒有因此減一分對數字的愛。從很多角度來看，數字都是讓文明得以發芽的沃土。歷史上所有偉大的文明，從蘇美人到古羅馬人再到馬雅人，都有與其共存共榮的數字系統；而今天的地球村，基本上可以視為一個以共同的數字體系連結出的世界文明。二十一世紀的我們或許使用著數千種語言，但我們的數字語言只有一種，頂多是寫法跟念法要學一下。

靠著數字，我們可以確認罐子裡是不是有超過五顆花生米，也可以把穀物分成想多大一堆就多大一堆，想一共有多少堆就有多少堆。我們還可以把各種東西拿來保存、計畫、貿易、分享。

少了數字，我們就不會有時間跟能力去理解這個宇宙（至少沒辦法盡情地去理解）；靠著數字，人類很快就能開始探索地球外的新世界，說不定不用等到二十二世紀就能出發了，當然前提是科學家沒有騙我們就是了。

基本上，有了數字，天底下就沒有什麼我們做不到的事情，數字是我們的好幫手，不然我們一開始發明它出來幹什麼。那些偷偷溜進你的各種表現、人際關係、生命經驗中的種種數字，那些會影響你自我形象、甚至會影響你身體外形的數字，都是人類的「發明」。它之所以會存在，都是因為有人在某個時間點，覺得數字可以讓人無論在忙什麼都可以快活一點。

但數字要能幫得上忙，前提是你必須牢記它其實並非永垂不朽：它會改變，會不時產生原本沒有的意義。它不該被拿去比較不同時空下的兩樣東西，不該被用來當成未來的一把量尺（有些數字可能有朝一日會變得毫無意義）。請你記住，數字並非放諸四海而皆準，所以不要再拿各種東西（包括你自己）去跟別人比較。不要盲目地相信數字，因為數字並不等於正確跟精準。還有千萬別忘了你生活中的許許多多數字，其實也都是你自己的發明。

有時你甚至應該要把數字戒掉：你可以跟朋友分享某間飯店有多好住，但不要幫飯店打分數；你可以幫書寫讀後感，但不要寫了半天然後用數字去論斷；你可以盡情享受一家餐館，但不要打開 Instagram 去看你的朋友有沒有同感；站到鏡子前去確認自己的外觀，而不要一直糾結BMI數字，也不要看著體重計上的數字而耿耿於懷；要做愛就做愛，不要把計時器打開。

總之就是記住：

1. 數字並非永垂不朽：不要跨時空比較，數字的意義會隨著時間改變，硬要比，那叫張飛打岳飛。
2. 數字並非放諸四海而皆準：就算看起來一模一樣，數字也可以因為所處國家、文化與人群的不同而具備不同的意義與價值。
3. 數字不見得等於標準答案：人跟機器都有可能在有意無意間數錯東西。
4. 就算數字無誤，我們也不能保證它精準：幾乎所有的數字都是某種四捨五入的結果，小心別讓這些並非百分之百正確的數字限制了你的思維。
6. 最後一點，可能也是最重要的一點：世界上沒有絕對客觀的數字，所有的數字多少帶有某種主觀。數字（跟你）是什麼，往往操之在你，所以你使用數字永遠要小心，永遠要拿出自己的判斷力。

參考書目

前言

Becker, J. (2018, 27 november). Why we buy more than we need. *Forbes.* Se www.forbes.com/sites/ joshuabecker/2018/11/27/why-we-buy- more-than-we-need/?sh=4ad820836417

Ford, E.S., Cunningham, T.J. & Croft, J.B. (2015). Trends in self-reported sleep duration among us adults from 1985 to 2012. *SLEEP*, 38(5), 829–832.

Larsen, T. & Røyrvik, E.A. (2017). *Trangen til å telle: Objektivering, måling og standardisering som samfunnspraksis*. Oslo: Scandinavian Academic Press.

Mau, S. (2019). *The metric society: On the quantification of the social.* Medford, MA: Polity Press.

Muller, J.Z. (2018). *The tyranny of the metrics*. Princeton, NJ: Princeton University Press.

Nurmilaakso, T. (2017). Prisma Studio: Pärjääkö ihminen muutaman tunnin yöunilla? *Yle, TV1*. Se https://yle.fi/ aihe/artikkeli/2017/01/31/prisma- studio-parjaako-ihminen-muutaman- tunnin-younilla

OECD (2009). *Society at a glance 2009: OECD social indicators.* Paris: OECD Publishing.

Seife, C. (2010). *Proofiness: How you're being fooled by the numbers.* New York, NY: Penguin books.

SVT (2018, 12 november). Stark trend – svenskar byter jobb som aldrInstagram förr. *SVT Nyheter.* Se www.svt.se/nyheter/ lokalt/vasterbotten/vi-byter-jobb-allt- oftare

SVT (2018, 3 juli). Ungdomar sover för lite. *SVT Nyheter.* Se www.svt.se/ nyheter/lokalt/vast/somnbrist

第一章：數字的歷史

Boissoneault, L. (2017, 13 mars). How humans invented numbers – and how numbers reshaped our world. *Smithsonian Magazine.* Se www. smithsonianmag.com/innovation/ how-humans-invented-numbersand- how-numbers-reshaped-our-world-180962485/

Dr. Y (2019). The Lebombo bone: The oldest mathematical artifact in the world. African Heritage [Blogginlägg]. Se https://afrolegends. com/2019/05/17/the-lebombo-bone- the-oldest-mathematical-artifact-in- the-world/

Hopper, V.F. (1969). *Medieval number symbolism: Its sources, meaning, and influence on thought and expression.* New York, NY: Cooper Square Publishers, Inc.

Knott, R. (u.å). The Fibonacci numbers and nature. *Dr. Knott's Web Pages on Mathematics.* Se www.maths.surrey. ac.uk/hosted-sites/R.Knott/Fibonacci/ fibnat.html

Larsen, T. & Røyrvik, E.A. (2017). *Trangen til å telle: Objektivering, måling og standardisering som samfunnspraksis.* Oslo: Scandinavian Academic Press.

Livio, M. (2002). *The golden ratio: The story of phi, the world's most astonishing number*. New York, NY: Broadway Books.

McCants, G. (2006). *Numerologien avslører deg: Om tallenes og bokstavenes mystiske betydning*. Oslo: Damm og Søn AS.

Merkin, D. (2008, 13 april). In search of the skeptical, hopeful, mystical Jew that could be me. *The New York Times Magazine*. Se www.nytimes.com/2008/04/13/ magazine/13kabbalah-t.html

Muller, J.Z. (2018). *The tyranny of the metrics*. Princeton, NJ: Princeton University Press.

Norman, J.M. (u.å). The Lebombo bone, oldest known mathematical artifact. *Historyofinformation.com*. Se www.historyofinformation.com/detail. php?entryid=2338

Osborn, D. (u.å). The history of numbers. *Vedic Science*. Se https://vedicsciences.net/articles/history-of- numbers.html

Pegis, R.J. (1967). Numerology and probability in Dante. *Mediaeval Studies, 29,* 370–373.

Schimmel, A. (1993). *The mystery of numbers*. New York, NY: Oxford University Press.

Seife, C. (2010). *Proofiness: How you're being fooled by the numbers*. New York, NY: Penguin books.

Thimbleby, H. (2011). Interactive numbers: A grand challenge. I *Proceedings of the IADIS International Conference on Interfaces and Human Computer Interaction 2011*.

Thimbleby, H. & Cairns, P. (2017). Interactive numerals. *Royal Society Open Science, 4*(4).

第二章：數字與你的身體

Andres, M., Davare, M., Pesenti, M., Olivier, E. & Seron, X. (2004).

Number magnitude and grip aperture inter- action. *Neuroreport, 15*(18), 2773–2777.

Cantlon, J.F., Merritt, D.J. & Brannon, E.M. (2016). Monkeys display classic sInstagramnatures of human symbolic arithmetic. *Animal Cognition, 19*(2), 405–415.

Cantlon, J.F., Brannon, E.M., Carter, E.J. & Pelphrey, K.A. (2006). Functional imaging of numerical processing in adults and 4-y-old children. *PLoS Biol, 4*(5).

Chang, E.S., Kannoth, S., Levy, S., Wang, S.Y., Lee, J.E. et al. (2020). Global reach of ageism on older persons' health: A systematic review. *PLoS ONE, 15*(1).

Dehaene, S. & Changeux, J.P. (1993). Development of elementary numerical abilities: A neuronal model. *Journal of Cognitive Neuroscience, 5*(4), 390–407.

Dehaene, S., Piazza, M., Pinel, P. & Cohen, L. (2003). Three parietal cir- cuits for number processing. *Cognitive Neuropsychology, 20*(3-6), 487–506.

DeMarree, K.G., Wheeler, S.C. & Petty, R.E. (2005). Priming a new identity: Self-monitoring moderates the effects of nonself primes on self-judgments and behavior. *Journal of Personality and Social Psychology, 89*(5), 657–671.

Fischer, M.H. (2012). A hierarchical view of grounded, embodied, and situated numerical cognition. *Cognitive Processing, 13*, 161–164.

Fischer, M.H. & Brugger, P. (2011). When dInstagramits help dInstagramits: Spatial– numerical associations point to finger counting as prime example of embodied cognition. *Frontiers in*

Psychology, 2.

Gordon, P. (2004). Numerical cognition without words: Evidence from Amazo- nia. *Science, 306*(5695), 496–499.

Grade, S., Badets, A. & Pesenti, M. (2017). Influence of finger and mouth action observation on random number generation: An instance of embodied cognition for abstract concepts. *Psychological Research, 81*(3), 538–548.

Hauser, M.D., Tsao, F., Garcia, P. & Spelke, E.S. (2003). Evolutionary foundations of number: Spontaneous representation of numerical magnitudes by cotton–top tamarins. *Proceedings of the Royal Society of London. Series B: Biological Sciences, 270*(1523), 1441–1446.

Hubbard, E.M., Piazza, M., Pinel, P. & Dehaene, S. (2005). Interactions between number and space in parietal cortex. *Nature Reviews Neuroscience, 6*, 435–448.

Hyde, D.C. & Spelke, E.S. (2009). All numbers are not equal: An electrophysiological investInstagramation of small and large number representations. *Journal of Cognitive Neuroscience, 21*(6), 1039–1053.

Kadosh, R.C., Lammertyn, J. & Izard, V. (2008). Are numbers special? An overview of chronometric, neuroimaging, developmental and comparative studies of magnitude representation. *Progress in Neurobiology, 84*(2), 132–147.

Lachmair, M., Ruiz Fernàndez, S., Moeller, K., Nuerk, H.C. & Kaup, B. (2018). Magnitude or Multitude – What Counts? *Frontiers in Psychology, 9,* 59–65.

Luebbers, P.E., Buckingham, G. & Butler, M.S. (2017). The national football league-225 bench press test and the size–weInstagramht illusion. *Perceptual and Motor Skills, 124*(3), 634–648.

Moeller, K., Fischer, U., Link, T., Wasner, M., Huber, S. et al. (2012). Learning and development of embodied numerosity. *Cognitive Processing, 13*(1), 271–274.

Nikolova, V. (2021, 2 mars). Why you are 12% more likely to run a marathon at a milestone age? *Runrepeat.* Se https://runrepeat.com/12-percent- more-likely-to-run-a-marathon-at-a- milestone-age

Notthoff, N., Drewelies, J., Kazanecka, P., Steinhagen-Thiessen, E., Norman, K. et al. (2018). Feeling older, walking slower – but only if someone's watching. Subjective age is associated with walking speed in the laboratory, but not in real life. *European Journal of Ageing, 15*(4), 425–433.

Pica, P., Lemer, C., Izard, V. & Dehaene, S. (2004). Exact and approximate arithmetic in an Amazonian indInstagramene group. *Science, 306*(5695), 499–503.

Reinhard, R., Shah, K.G., Faust- Christmann, C.A. & Lachmann, T. (2020). Acting your avatar's age: Effects of virtual reality avatar embodiment on real life walking speed. *Media Psychology, 23*(2), 293–315.

Robson, D. (2018, 19 juli). The age you feel means more than your actual birthdate. *BBC.* Se www.bbc.com/ future/article/ 20180712-the-age-you- feel-means-more-than-your-actual-birthdate

Schwarz, W. & Keus, I.M. (2004). Moving the eyes along the mental number line: Comparing SNARC effects with saccadic and manual responses. *Perception & Psychophysics, 66*(4), 651–664.

Shaki, S. & Fischer, M.H. (2014). Random walks on the mental number line. *Experimental Brain Research, 232*(1), 43–49.

Studenski, S., Perera, S., Patel, K., Rosano, C., Faulkner, K. et al. (2011). Gait speed and survival in older adults. *JAMA, 305*(1), 50–58.

Westerhof, G.J., Miche, M., Brothers, A.F., Barrett, A.E., Diehl, M. et al. (2014). The influence of subjective aging on health and longevity: A meta-analysis of longitudinal data. *Psychology and Aging, 29*(4), 793–802.

Winter, B., Matlock, T., Shaki, S. & Fischer, M.H. (2015). Mental number space in three dimensions. *Neuroscience & Biobehavioral Reviews, 57*, 209–219.

Yoo, S.C., Peña, J.F. & DrumwrInstagramht, M.E. (2015). Virtual shopping and unconscious persuasion: The priming effects of avatar age and consumers' age discrimination on purchasing and prosocial behaviors. *Computers in Human Behavior, 48*, 62–71.

第三章：數字與你的形象

APS (2016, 31 maj). Social media "likes" impact teens' brains and behavior.

Association for Psychological Science. Se www.psychologicalscience.org/news/ releases/social-media-likes-impact- teens-brains-and-behavior.html

Burrows, T. (2020, 9 januari). Social media obsessed teen who "killed herself " thought she "wasn't good enough unless she was getting likes". *The Sun.* Se www.thesun.co.uk/ news/10705211/social-media-obsessed- death-durham-sister-tribute/

Burrow, A.L. & Rainone, N. (2017). How many likes did I get?: Purpose moderates links between positive social media feedback and self- esteem. *Journal of Experimental Social Psychology*, *69*, 232–236.

Carey-Simos, G. (2015, 19 augusti). How much data is generated every minute on social media? *WeRSM.* Se https://wersm. com/how-much-data-is-generated- every-minute-on-social-media/

DNA (2020, 20 april). Not able to get enough "likes" on TikTok, Noida teenager commits suicide. *DNA India.* Se www.dnaindia. com/india/report-not-able-to-get-enough-likes- on-tiktok-noida-teenager-commits- suicide-2821825

Fitzgerald, M. (2019, 18 juli). Instagram starts test to hide number of likes posts receive for users in 7 countries. *TIME.* Se https://time. com/5629705/ instagram-removing-likes-test/

Fliessbach, K., Weber, B., Trautner, P., Dohmen, T., Sunde, U. et al. (2007). Social comparison affects reward- related brain activity in the human ventral striatum. *Science*, *318*(5894), 1305–1308.

Gaynor, G.K. (2019). Instagram removing "likes" to "depressurize" youth, some aren't buying it. *Fox News.* Se www.foxnews.com/ lifestyle/ instagram-removing-likes

Jiang, Y., Chen, Z. & Wyer, R.S. (2014). Impact of money on emotional expression. *Journal of Experimental Social Psychology*, *55*, 228–233.

Mirror Now News (2020, 17 april). Noida: Depressed over not getting enough "likes" on TikTok, youngster commits suicide. *Mirror Now DInstagramital.* Se www.timesnownews. com/mirrornow/crime/article/ noida-depressed-over-not-getting- enough-likes-on-tiktok-youngster- commits-suicide/579483

Reutner, L., Hansen, J. & Greifeneder, R. (2015). The cold heart: Reminders of money cause feelings of physical coldness. *Social Psychological and Personality Science, 6*(5), 490–495.

Sherman, L.E., Payton, A.A., Hernandez, L.M., Greenfield, P.M. & Dapretto, M. (2016). The power of the like in adolescence: Effects of peer influence on neural and behavioral responses to social media. *Psychological Science, 27*(7), 1027–1035.

Smith, K. (2019, 1 juni). 53 incredible Facebook statistics and facts. Brandwatch. Se www.brandwatch.com/ blog/facebook-statistics/

Squires, A. (u.å). Social media, self-esteem, and teen suicide. *PPC* [Blogginlägg]. Se https://blog.pcc.com/ social-media-self-esteem-and-teen- suicide

Vogel, E.A., Rose, J.P., Roberts, L.R. & Eckles, K. (2014). Social comparison, social media, and self-esteem. *Psychology of Popular Media Culture, 3*(4), 206–222.

Vohs, K.D. (2015). Money priming can change people's thoughts, feelings, motivations, and behaviors: An update on 10 years of experiments. *Journal of Experimental Psychology: General, 144*(4), e86–e93.

Vohs, K.D., Mead, N.L. & Goode, M.R. (2006). The psychological consequences of money. *Science, 314*(5802), 1154–1156.

Wang, S. (2019, 30 april). Instagram tests removing number of "likes" on photos and videos. *Bloomberg*. Se https://www.bloomberg.com/news/ articles/2019-04-30/instagram-tests-removing-number-of-likes-on-photos- and-videos

Zaleskiewicz, T., Gasiorowska, A., Kesebir, P., Luszczynska, A. & Pyszczynski, T. (2013). Money and the fear of death: The symbolic power of money as an existential anxiety buffer. *Journal of Economic Psychology, 36*, 55–67.

第四章：數字讓表現更好嗎

Ajana, B. (2018). *Metric culture: Ontologies of self-tracking practices*. Bingley: Emerald Publising Limited.

Farr, C. (2015, 17 mars). How Tim Ferriss has turned his body into a research lab. *KQED*. Se www.kqed.org/ futureofyou/ 407/how-tim-ferriss-has- turned-his-body-into-a-research-lab

Hill, K. (2011, 7 april). Adventures in self-surveillance, aka the quantified self, aka extreme navel- gazing. *Forbes*. Se www.forbes.com/sites/kashmirhill/2011/04/07/adventures-in-self-surveillance-aka- the-quantified-self-aka-extreme-navel-gazing/#5102dac76773

Kuvaas, B., Buch, R. & Dysvik, A. (2020). Individual variable pay for performance, controlling effects, and intrinsic motivation. *Motivation and Emotion, 44*, 525–533.

Larsen, T. & Røyrvik, E.A. (2017). *Trangen til å telle. Objektivering, måling og standardisering som samfunnspraksis*. Oslo: Scandinavian Academic Press.

Lupton, D. (2016). *The quantified self.*

Malden, MA: Polity Press.

Moschel, M. (2018, 8 augusti). The beginner's guide to quantified self (plus, a list of the best personal data tools out there). *Technori* [Blogginlägg]. Se https://technori. com/2018/08/4281-thebeginners-guide-to-quantified-self-plus-a-list- of-the-best-personal-data-tools-out- there/markmoschel/

Nafus, D. (red.). (2016). *Quantified: Biosensing technologies in everyday life*. Cambridge, MA: The MIT Press.

Neff, G. & Nafus, D. (2016). *Self- tracking*. Cambridge, MA: The MIT Press.

Quantified Self (2018, 28 april). Hugo Campos: 10 years with an implantable cardiac device and "almost" no data access. *Quantified Self Public Health*. Se https://medium. com/quantified-self-public-health/ hugo-campos-10-years-with-an- implantable-cardiac-device-and- almost-no-data-access-71018b39b938

Ramirez, E. (2015, 4 februari). My device, my body, my data. *Quantified Self* [Blogginlägg]. Se https:// quantifiedself.com/blog/ my-device- my-body-my-data-hugo-campos/

Satariano, A. (2020, 4 augusti). Google faces European inquiry into Fitbit acquisition. *New York Times*. Se www. nytimes. com/2020/08/04/business/ google-fitbit-europe.html

Selke, S. (red.). (2016). *Lifelogging: DInstagramital self-tracking and lifelogging – Between disruptive technology and cultural transformation*. Wiesbaden: Springer VS.

Stanford Medicine X (u.å). *Hugo Campos*. Se https://medicinex. stanford. edu/citizen-campos/

The Economist (2019, 12 september).

Hugo Campos has waged a decade-long battle for access to his heart implant. *Technology Quarterly*. Se www.economist.com/ technology-quarterly/2019/09/12/ hugo-campos-has-waged-a-decade- long-battle-for-access-to-his-heart- implant

第五章：數字改變經驗

Dijkers, M. (2010). Comparing quantification of pain severity by verbal rating and numeric rating scales. *The Journal of Spinal Cord Medicine, 33*(3), 232–242.

Erskine, R. (2018, 15 maj). You just got attacked by fake 1-star reviews. Now what? *Forbes.* Se www.forbes.com/sites/ryanerskine/2018/05/15/you-just-got- attacked-by-fake-1-star-reviews-now- what/#5c0b23cc1071

Hoch, S.J. (2002). Product experience is seductive. *Journal of Consumer Research, 29*(3), 448–454.

Liptak, A. (2018, 2 februari). Facebook strikes back against the group sabotaging Black Panther's Rotten Tomatoes rating. *The Verge.* Se www. theverge.com/2018/2/2/16964312/ facebook-black-panther-rotten- tomatoes-last-jedi-review-bomb

Williamson, A. & Hoggart, B. (2005). Pain: A review of three commonly used pain rating scales. *Journal of Clinical Nursing, 14*(7), 798–804.

Rockledge, M.D, Rucker, D.D. & Nordgren, L.F. (2021, 8 april). Mass- scale emotionality reveals human behaviour and marketplace success. *Nature Human Behaviour.*

第六章：被打分數的人際關係

American Psychological Association (2016, 4 augusti). *Tinder: Swiping self esteem?* [Pressmeddelande] Se www. apa.org/news/press/releases/2016/08/ tinder-self-esteem

Danaher, J., Nyholm, S. & Earp, B.D. (2018). The quantified relationship. *The American Journal of Bioethics, 18*(2), 3–19.

Eurostat (2018, 6 juli). *Rising proportion of single person households in the EU.* Se https://ec.europa.eu/eurostat/ web/products-eurostat-news/-/ddn- 20180706-1

Ortiz-Ospina, E. & Roser, M. (2016). Trust. *Our World in Data.* Se https:// ourworldindata.org/trust" https:// ourworldindata.org/trust

Strubel, J. & Petrie, T.A. (2017). Love me Tinder: Body image and psychosocial functioning among men and women. *Body Image, 21*, 34–38.

Timmermans, E., De Caluwé, E. & Alexopoulos, C. (2018). Why are you cheating on Tinder? Exploring users' motives and (dark) personality traits. *Computers in Human Behavior, 89*, 129–139.

Waldinger, M.D., Quinn, P., Dilleen, M., Mundayat, R., Schweitzer, D.H. et al. (2005). A multi-national population survey of intravaginal ejaculation latency time. *The Journal of Sexual Medicine, 2*(4), 492–497.

Ward, J. (2017). What are you doing on Tinder? Impression management on a matchmaking mobile app. *Information, Communication & Society, 20*(11), 1644–1659.

Wellings, K., Palmer, M.J., Machiyama, K. & Slaymaker, E. (2019). Changes in, and factors associated with, frequency of sex in Britain: Evidence from three national surveys of sexual attitudes and lifestyles (Natsal). *The BMJ, 365*(8198).

World Values Survey (u.å). *Online data analysis.* Se www.worldvalues survey. org/WVSOnline.jsp

第七章：數字等於貨幣

Barlyn, S. (2018, 19 september). Strap on the Fitbit: John Hancock to sell only interactive life insurance. *Reuters.* Se www.reuters.com/ article/us- manulife-financi-john-hancock-lifeins- idUSK CN1LZ1WL

Blauw, S. (2020). *The number bias. How numbers lead and mislead us.* London: Hodder & Stoughon.

Brown, B. (2020, 6 augusti). TikTok's 7 hInstagramhest-earning stars: New Forbes list led by teen queens Addison Rae and Charli D'Amelio. *Forbes.* Se www.forbes.com/ sites/abrambrown/2020/ 08/06/ tiktoks-hInstagramhest-earning-stars-teen- queens-addison-rae-and-charli- damelio-rule/?sh=2e41abf75087

Frazier, L. (2020, 10 augusti). 5 ways people can make serious money on TikTok. *Forbes.* Se www.forbes.com/ sites/lizfrazierpeck/2020/ 08/10/5-ways- people-can-make-serious-money-on- tiktok/?sh= 19aea32a5afc

Meyer, R. (2015, 25 september). Could a bank deny your loan based on your Facebook friends? *The Atlantic.* Se www.theatlantic.com/ technology/ archive/2015/09/facebooks-new- patent-and-dInstagramital-redlining/407287/

Nødtvedt, K.B., Sjåstad, H., Skard, S.R., Thorbjørnsen, H. & Van Bavel, J.J. (2021, 29 april). Racial bias in the sharing economy and the role of trust and self-congruence. *Journal of Experimental Psychology: Applied.*

Wang, L., Zhong, C.B. & MurnInstagramhan, J.K. (2014). The social and ethical consequences of a calculative mindset. *Organizational Behavior and Human Decision Processes, 125*(1), 39–49.

第八章：數字與事實

Bhatia, S., Walasek, L., Slovic, P. & Kunreuther, H. (2021). The more who die, the less we care: Evidence from natural language analysis of online news articles and social media posts. *Risk Analysis*, *41*(1), 179–203.

Henke, J., Leissner, L. & Möhring, W. (2020). How can journalists promote news credibility? Effects of evidences on trust and credibility. *Journalism Practice*, *14*(3), 299–318.

Koetsenruijter, A.W.M. (2011). Using numbers in news increases story credibility. *Newspaper Research Journal*, *32*(2), 74–82.

Lindsey, L.L.M. & Yun, K.A. (2003). Examining the persuasive effect of statistical messages: A test of mediating relationships. *Communication Studies*, *54*(3), 306–321.

Luo, M., Hancock, J.T. & Markowitz, D.M. (2020). Credibility perceptions and detection accuracy of fake news headlines on social media: Effects of truth-bias and endorsement cues. *Communication Research*.

Luppe, M.R. & Lopes Fávero, L.P. (2012). Anchoring heuristic and the estimation of accounting and financial indicators. *International Journal of Finance and Accounting*, *1*(5), 120–130.

Plous, S. (1989). Thinking the unthinkable: The effects of anchoring on likelihood estimates of nuclear war. *Journal of Applied Social Psychology*, *19*(1), 67–91.

Seife, C. (2010). *Proofiness: How you're being fooled by the numbers.* New York, NY: Penguin books.

Slovic, S. & Slovic, P. (2015). *Numbers and nerves: Information, emotion, and meaning in a world of data.* Corvallis, OR: Oregon

State University Press.
Tomm, B.M., Slovic, P. & Zhao, J. (2019). The number of visible victims shapes visual attention and compassion. *Journal of Vision, 19*(10), 105.
Yamagishi, K. (1997). Upward versus downward anchoring in frequency judgments of social facts. *Japanese Psychological Research, 39*(2), 124–129.
Ye, Z., Heldmann, M., Slovic, P. & Münte, T.F. (2020). Brain imaging evidence for why we are numbed by numbers. *Scientific Reports, 10*(1).

第九章：被數字控制的社會

Ariely, D., Loewenstein G. & Prelec, D. (2003). "Coherent arbitrariness": Stable demand curves without stable preferences. *The Quarterly Journal of Economics, 118*(1), 73–105.
Blauw, S. (2020). *The number bias: How numbers lead and mislead us.* London: Hodder & Stoughton.
Brennan, L., Watson, M., Klaber, R. & Charles, T. (2012). The importance of knowing context of hospital episode statistics when reconfInstagramuring the NHS. *The BMJ.*
Campbell, S.D. & Sharpe, S.A. (2009). Anchoring bias in consensus forecasts and its effect on market prices. *Journal of Financial and Quantitative Analysis, 44*(2), 369–390.
Chan, A. (2013, 30 maj). 1998 study linking autism to vaccines was an "elaborate fraud". *Live Science.* Se www. livescience.com/35341-mmr-vaccine- linked-autism-study-was-elaborate- fraud.html
Financial Times (2016, 14 april). How politicians poisoned statistics.

Financial Times. Se www.ft.com/ content/2e43b3e8-01c7-11e6-ac98- 3c15a1aa2e62
Fliessbach, K., Weber, B., Trautner, P., Dohmen, T., Sunde, U. et al. (2007). Social comparison affects reward- related brain activity in the human ventral striatum. *Science, 318*(5894), 1305–1308.
Furnham, A. & Boo, H.C. (2011). A literature review of the anchoring effect. *The Journal of Socio-Economics, 40*(1), 35–42.
Hans, V.P., Helm, R.K. & Reyna, V.F. (2018). From meaning to money: Translating injury into dollars. *Law and Human Behavior, 42*(2), 95–109.
Hviid, A., Hansen, J.V., Frisch, M. & Melbye, M. (2019). Measles, Mumps and Rubella vaccination and autism: A nationwide cohort study. *Annals of Internal Medicine, 170*(8), 513–520.
Kahan, D.M., Peters, E., Cantrell Dawson, E. & Slovic, P. (2017). Motivated numeracy and enlInstagramhtened self-government. *Behavioural Public Policy, 1*(1), 54–86.
Lalot, F., Quiamzade, A. & Falomir- Pichastor, J.M. (2019). How many mInstagramrants are people willing to welcome into their country? The effect of numerical anchoring on mInstagramrant acceptance. *Journal of Applied Social Psychology, 49*(6), 361–371.
Larsen, T. & Røyrvik, E.A. (2017). *Trangen til å telle. Objektivering, måling og standardisering som samfunnspraksis*. Oslo: Scandinavian Academic Press.
Mau, S. (2019). *The metric society: On the quantification of the social.* Medford, MA: Polity Press.
Muller, J.Z. (2018). *The tyranny of the metrics*. Princeton, NJ: Princeton University Press.

Seife, C. (2010). *Proofiness: How you're being fooled by the numbers.* New York, NY: Penguin books.

Spiegelhalter, D. (2015). *Sex by numbers.* London: Profile Books.

Tversky, A. & Kahneman, D. (1974). Judgment under uncertainty: Heuristics and biases. *Science, 185*(4157), 1124–1131.

Vogel, E.A., Rose, J.P., Roberts, L.R. & Eckles, K. (2014). Social comparison, social media, and self-esteem. *Psychology of Popular Media Culture, 3*(4), 206–222.

第十章：數字是人為的

Brendl, C.M., Markman, A.B. & Messner, C. (2003). The devaluation effect: Activating a need devalues unrelated objects. *Journal of Consumer Research, 29*(4), 463–473.

Castro, J. (2014, 30 januari). When was Jesus born? *Live Science.* Se www. livescience.com/42976-when-was- jesus-born.html

Dohmen, T.J., Falk, A., Huffman, D. & Sunde, U. (2006). Seemingly irrelevant events affect economic perceptions and expectations: The FIFA World Cup 2006 as a natural experiment. *IZA Institute of Labor Economics.*

Friberg, R. & Mathä, T.Y. (2004). Does a common currency lead to (more) price equalization? The role of psychological pricing points. *Economics Letters, 84*(2), 281–287.

Knapton, S. (2020, 6 oktober). An earlier universe existed before the BInstagram Bang, and can still be observed today, says Nobel winner. *The Telegraph.* Se www.telegraph.co.uk/ news/2020/10/06/ earlier-universe-existed-bInstagram-bang-can-observed-today/

Kumar, M. (2019, 15 maj). When maths goes wrong. *New Statesman.*

Se www.newstatesman.com/culture/ books/2019/05/when-maths-goes- wrong

Kämpfer, S. & Mutz, M. (2013). On the sunny side of life: Sunshine effects on life satisfaction. *Social Indicators Research, 110*(2), 579–595.

Raghubir, P. & Srivastava, J. (2002). Effect of face value on product valuation in foreInstagramn currencies. *Journal of Consumer Research, 29*(3), 335–347.

Schwarz, N., Strack, F., Kommer, D. & Wagner, D. (1987). Soccer, rooms, and the quality of your life: Mood effects on judgments of satisfaction with life in general and with specific domains. *European Journal of Social Psychology, 17*(1), 69–79.

Tom, G. & Rucker, M. (1975). Fat, full, and happy: Effects of food deprivation, external cues, and obesity on preference ratings, consumption, and buying intentions. *Journal of Personality and Social Psychology, 32*(5), 761–766.

你有數字病嗎？：數學、數據、績效、演算法，數字如何控制我們的每一天 / 麥可．達倫 (Micael Dahlen), 海里格．托爾布約恩森 (Helge Thorbjørnsen) 著；鄭煥昇譯 . -- 初版 . -- 臺北市：時報文化出版企業股份有限公司 , 2024.01；　面；　公分 . --（Next；318）

譯自：Sifferdjur : hur siffrorna styr våra liv

ISBN 978-626-374-732-6（平裝）

1.CST: 資訊社會 2.CST: 數字 3.CST: 歷史

312.09　　112020855

ISBN 978-626-374-732-6
Printed in Taiwan.

NEXT 318

你有數字病嗎？數學、數據、績效、演算法，數字如何控制我們的每一天
Sifferdjur: hur siffrorna styr våra liv

作者　麥可・達倫（Micael Dahlen）、海里格・托爾布約恩森（Helge Thorbjørnsen）｜**譯者**　鄭煥昇｜**副總編輯**　羅珊珊｜**責任編輯**　蔡佩錦｜**特約編輯**　吳一澤｜**校對**　蔡佩錦、吳一澤｜**封面設計**　陳恩安｜**行銷企劃**　林昱豪｜**總編輯**　胡金倫｜**董事長**　趙政岷｜**出版者**　時報文化出版企業股份有限公司　108019 臺北市和平西路三段 240 號 4 樓　發行專線—(02)2306-6842　讀者服務專線—0800-231-705・(02)2304-7103　讀者服務傳真—(02)2304-6858　郵撥—19344724 時報文化出版公司　信箱—10899 臺北華江橋郵局第 99 信箱　時報悅讀網—www.readingtimes.com.tw　思潮線臉書 https://www.facebook.com/trendage｜**法律顧問**　理律法律事務所　陳長文律師、李念祖律師｜**印刷**　家佑印刷有限公司｜**初版一刷**　2024 年 1 月 19 日｜**定價**　新臺幣 460 元｜（缺頁或破損的書，請寄回更換）

時報文化出版公司成立於 1975 年，1999 年股票上櫃公開發行，2008 年脫離中時集團非屬旺中，以「尊重智慧與創意的文化事業」為信念。